D1721433

BIBLIOTHEK DES TECHNIKERS BDT

Horst Herr

# Technische Mechanik

# Formel- und Tabellensammlung

STATIK

DYNAMIK

FESTIGKEITSLEHRE

VERLAG EUROPA-LEHRMITTEL · Nourney, Vollmer GmbH & Co.
Düsselberger Straße 23 · 42781 Haan-Gruiten

**Europa-Nr.: 52212**

**Autor:**

Horst Herr, VDI, Dipl.-Ing., Fachoberlehrer
65779 Kelkheim/Taunus

**Umschlaggestaltung:**

M. Wosczyna, Bonn
Michael M. Kappenstein, Frankfurt/Main

**Bildbearbeitung:**

Petra Gladis-Toribio
65779 Kelkheim/Taunus

1. Auflage 1996
Druck 5 4 3 2 1
Alle Drucke derselben Auflage sind parallel einsetzbar, da bis auf die Behebung von Druckfehlern untereinander unverändert.

ISBN 3-8085-5221-2



Satz und Druck: Tutte Druckerei GmbH, Salzweg-Passau

# Vorwort, Hinweise für die Benutzung

Die Zusammenhänge zwischen den meßbaren und berechenbaren Größen in Naturwissenschaft und Technik werden fast immer in ihrer kürzesten Ausdrucksweise, durch **Formeln** repräsentiert. Es versteht sich von selbst, daß Techniker und Ingenieure die Zusammenhänge dieser Formeln und ihre zugehörigen Einheiten verstanden haben sollten, denn andernfalls ist eine sichere Arbeit – auch mit der besten Formelsammlung – nicht möglich.

Damit ist nicht gesagt, daß man jede Formel abrufbereit im Kopf haben muß, wegen der großen Anzahl der in der Berechnungsarbeit des Technikers notwendigen Informationen ist dies einfach auch nicht möglich. Hier hat die Formelsammlung ihren Platz!
Neben den vielfältigen Formeln benötigt der Techniker in der Technischen Mechanik auch umfangreiche **Tabellen**, meist in der Form von **DIN-Blättern**. Bitte beachten Sie hierzu den Hinweis nach dem Inhaltsverzeichnis auf Seite 6.

Im obengenannten Sinn faßt diese

**Formel- und Tabellensammlung Technische Mechanik**

die Lehrinhalte des von mir verfaßten Unterrichtswerkes „Technische Mechanik" Europa-Nr.: 5021X kurz und knapp zusammen. So ist ein gutes Hilfsmittel für die Arbeit im Beruf des Technikers, aber auch für schriftliche Arbeiten und Prüfungen entstanden. Es ist sichergestellt, daß alle erforderlichen Tabellenwerte für die im Lehrbuch sehr zahlreich vorhandenen Muster-, Übungs- und Vertiefungsaufgaben zur Verfügung stehen.

Die Formel- und Tabellensammlung Technische Mechanik ist – entsprechend dem Lehrbuch – in die drei Teile

STATIK
DYNAMIK
FESTIGKEITSLEHRE

unterteilt. Dies wird durch den **Randdruck der Seiten** besonders hervorgehoben.

Die Hauptüberschriften sind durchgehend von 1 bis 80 numeriert. Diese Numerierung entspricht der Lektionennummer im Lehrbuch. Für Lektion 81 im Lehr- und Aufgabenbuch existieren keine Formeln! Die Nummern der Hauptüberschriften sind über einen Pfeil mit weiteren (kleiner gedruckten) Nummern verbunden. Diese sind als Hinweise auf Hauptüberschriften, unter denen weitere diesbezügliche Informationen zu finden sind, zu verstehen.

**Beispiel:**

**52** → 58 62 69 72

Unter diesen Hauptüberschriften sind weitergehende oder im Zusammenhang weitere wichtige Informationen oder Formeln zu finden.

Nummer der Hauptüberschrift, identisch mit der Lektionennummer im Lehrbuch, ab 4. Auflage.

Mit dieser Systematik erhöht sich der Gebrauchswert der Formel- und Tabellensammlung erheblich und fördert damit den Einsatz des Unterrichtswerks „Technische Mechanik".

Hinweise auf andere Hauptüberschriften sind ebenfalls innerhalb des Textes zu finden.

**Beispiel:**

→ 17

Natürlich kann diese Formel- und Tabellensammlung auch unabhängig vom Unterrichtswerk „Technische Mechanik" verwendet werden.

Ich wünsche Ihnen beim Umgang mit dieser Formel- und Tabellensammlung viel Freude und Erfolg. Hinweise zur Verbesserung nehme ich gerne entgegen.

Kelkheim im Taunus, Frühjahr 1996 — Horst Herr

# Inhaltsverzeichnis

Das **Inhaltsverzeichnis** erlaubt lediglich einen groben Überblick in dieser Formel- und Tabellensammlung. Zur eigentlichen Orientierung ist das umfangreiche **Sachwortverzeichnis** zu verwenden. Dabei ist zu beachten:

**Die Zahlenangaben im Sachwortverzeichnis sind Seitenzahlen!**

# 1 Die Verknüpfung von Physik und Technik

## 1.1 Aufgabe der Technischen Mechanik → 5 51

Die **Technische Mechanik**, (kurz **TM**) ist ein spezielles Teilgebiet der **Technischen Physik**. Sie ermöglicht es, mit den von ihr bereitgestellten Regeln und Gesetzen verbindliche Aussagen über die **erforderlichen Abmessungen**, d. h. der **Dimensionen** von Bauteilen und Bauwerksteilen sowie der **Bewegungsabläufe** von und in Maschinen, Apparaten und technischen Anlagen zu machen.

## 1.2 Gliederung der Technischen Mechanik

### 1.2.1 Physikalische Gliederung

Technische Mechanik → TM

- Statik → Lehre vom Gleichgewicht der an einem **ruhenden Körper** angreifenden Kräfte. **Verformungen** des Körpers bleiben unberücksichtigt.
- Kinematik → Lehre von den **geometrischen Bewegungsverhältnissen** fester Körper und Mechanismen. Die Kräfte, die die Bewegung verursachen, bleiben unberücksichtigt.
- Kinetik → Lehre von den Bewegungen der Körper oder Körpersysteme unter dem **Einfluß der** auf den Körper oder das Körpersystem wirkenden **Kräfte**.
- Dynamik → Teilgebiet der TM, das die Bewegungsvorgänge von Körpern auf den **Einfluß von Kräften** zurückführt **und** die Beziehungen zwischen den **Beschleunigungen** und den diese verursachenden Kräfte aufstellt.
- Festigkeitslehre → Mit den Gesetzen der Festigkeitslehre erfolgt die **Dimensionierung der Bauteile**, und zwar dergestalt, daß diese durch die an ihnen angreifenden Kräfte und Momente nicht unzulässig stark verformt bzw. zerstört werden.

### 1.2.2 Ingenieurwisssenschaftliche (technische) Gliederung

Technische Mechanik

- TM I — Statik → 2 ... 32
- TM II — Festigkeitslehre → 51 ... 80
- TM III — Dynamik → **Kinematik und Kinetik eingeschlossen** → 33 ... 50

## 1.3 Berechnungsverfahren der Statik

1.3.1 Rechnerische (analytische) Verfahren
1.3.2 Zeichnerische (grafische) Verfahren

} Ermittlung der **Stützkräfte**, die den Körper zusammen mit den **Belastungskräften** im Gleichgewicht halten.

# 2 Kraft und Kraftmoment

→ 5 ... 12 13 14 18 28 29 31 37 44 45 62 65 66 69

## 2.1 Basisgrößen und Basiseinheiten → SI: Système International d'Unités

| SI-Basisgröße | Formelzeichen | SI-Basiseinheit | Einheitenzeichen |
|---|---|---|---|
| Länge, Masse, Zeit } **Größen der Mechanik** | $l$, $s$ / $m$ / $t$ | Meter, Kilogramm, Sekunde } **Einheiten der Mechanik** | m / kg / s |
| elektrische Stromstärke | $I$ | Ampere | A |
| thermodynamische Temperatur | $T$ | Kelvin | K |
| Stoffmenge | $n$ | Mol | mol |
| Lichtstärke | $I_v$ | Candela | cd |

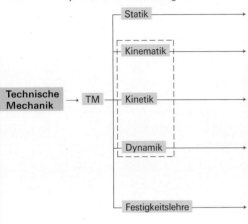

## 2.2 Einheit der Kraft → 37

$$[F] = [m] \cdot [a] = \text{kg} \cdot \frac{\text{m}}{\text{s}^2} = \frac{\text{kg m}}{\text{s}^2}$$ **Krafteinheit**

| | | |
|---|---|---|
| $F$ | Kraft | N |
| $m$ | Masse | kg |
| $a$ | Beschleunigung | m/s² |

$$1\,\frac{\text{kg m}}{\text{s}^2} = 1\ \text{Newton} = 1\ \text{N}$$

Ein Newton ist gleich der Kraft, die einem Körper mit der Masse $m = 1$ kg die Beschleunigung $a = 1\ \text{m/s}^2$ erteilt.

1 daN = 1 Dekanewton = 10 N
1 kN = 1 Kilonewton = $10^3$ N
1 MN = 1 Meganewton = $10^6$ N
} je nach Größenordnung der Kraft.

## 2.3 Merkmale einer Kraft → Bild 1

**Größe** → Dies ist der **Betrag der Kraft**, der in Verbindung mit einem **Kräftemaßstab KM** meßbar ist.

**Richtung** → Diese entspricht der Lage der **Wirkungslinie WL**. Sie ist durch einen Winkel festgelegt.

**Angriffspunkt** → Ort, an dem die Kraft $F$ am Körper angreift.

**Sinn** → z. B. **Zugkraft** oder **Druckkraft**. Festlegung mittels **Vorzeichen** → 5

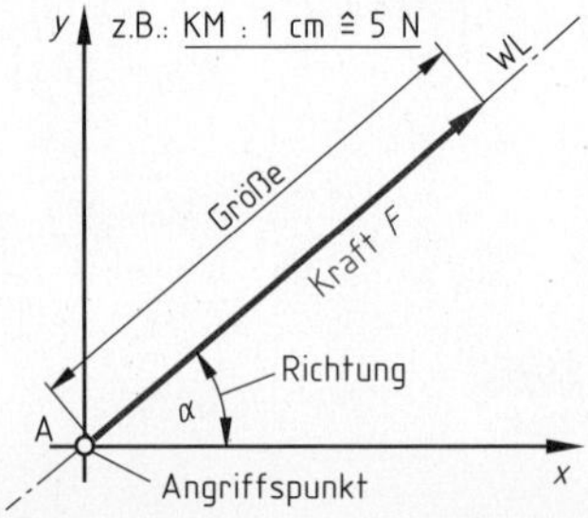

1

## 2.4 Erweiterungssatz → 11

Bei einem **Kräftesystem** (Bild 2) dürfen Kräfte hinzugefügt oder weggenommen werden, wenn sie gleich groß und entgegengesetzt gerichtet sind und auf derselben WL liegen (Bild 3).

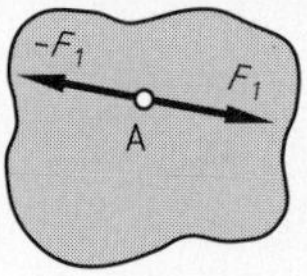

2

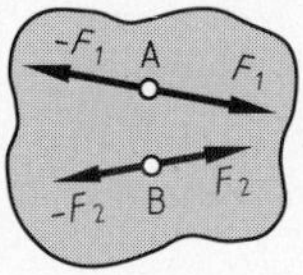

3

## 2.5 Längsverschiebungssatz → 6 11

Eine Kraft darf auf ihrer WL verschoben werden (Bild 4). Dadurch ändert sich ihre Wirkung auf den Körper nicht.

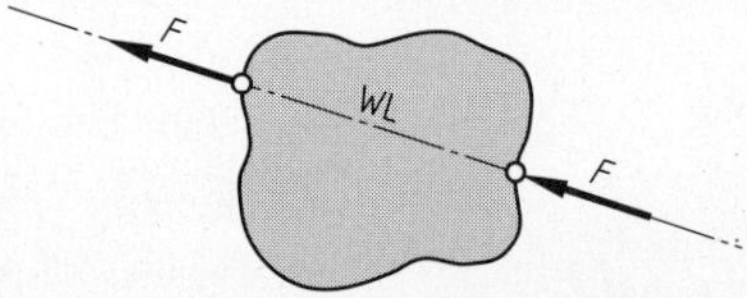

4

## 2.6 Kraftmoment → 13 14 18 28 29 31 44 45 62 65 66 69

DIN 1304: **Kraftmoment** $M$ gleich Produkt aus Kraft $F$ und ihrem **senkrechten Abstand** $r$ bis zu einem bestimmten Punkt. (Bilder 5 u. 6)

$M = F \cdot r$ **Kraftmoment:**

Drehmoment $M_d$ → 13 14 44 45
Biegemoment $M_b$ → 62 65 66
Torsionsmoment $M_t$ → 69 70

$F \perp r$

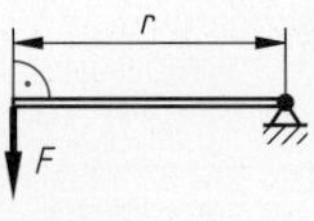

5

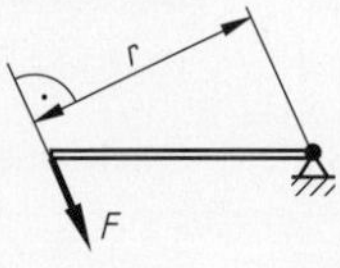

6

| | | |
|---|---|---|
| $M$ | Kraftmoment | N · m = Nm |
| $F$ | Kraft | N |
| $r$ | Abstand (senkrechter Hebelarm) | m |

# 3 Freiheitsgrade

→ 4 35 38

Jede **Bewegungsmöglichkeit** (Translation und Rotation) wird als **Freiheitsgrad** bezeichnet.
**Körper in der Ebene** → drei Freiheitsgrade (zwei Translationen, eine Rotation)
**Körper im Raum** → sechs Freiheitsgrade (drei Translationen, drei Rotationen)

**Einzelbewegungen** können zu einer **Gesamtbewegung** zusammengesetzt werden. → 35 38

# 4 Freimachen der Bauteile

→ 15 21 22 23 24

## 4.1 Wechselwirkung → 25 26 37 38

**Aktionskräfte** (Belastungskräfte) **und Reaktionskräfte** (Stützkräfte) **belasten das Bauteil.**

Freimachen heißt, daß man alle das Bauteil tragenden Teile, wie Lager, Stützen, Einspannungen etc. durch die von diesen Elementen auf das Bauteil wirkenden Reaktionskräfte ersetzt. Damit ist zu ersehen, wie Belastungskräfte **und** Stützkräfte auf das Bauteil wirken (es belasten).

## 4.2 Regeln für das Freimachen von Bauteilen

<table>
<tr><th>Form des Bauteils und Regel für das Freimachen:</th><th>Kraftübertragung in Wirkrichtung der Kraft möglich:</th><th>Kraftübertragung in Wirkrichtung der Kraft nicht möglich:</th></tr>
<tr><td>Ebene Flächen können nur senkrechte Reaktionskräfte erzeugen, d. h. es können nur senkrecht zu ihnen gerichtete Kräfte übertragen werden.<br>→ 25 26 43 54</td><td>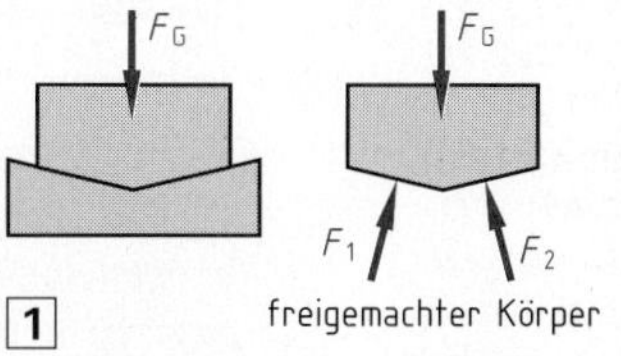

1</td><td>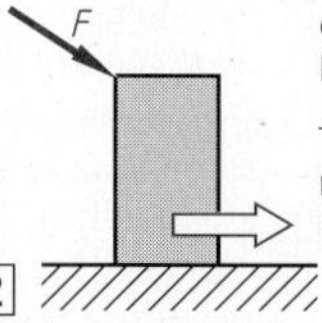

2<br>Bei Überwindung der Reibungskräfte → 25 ··· 32 rutscht der Körper.</td></tr>
<tr><td>Gewölbte Flächen erzeugen im Berührungspunkt mit anderen Körpern senkrechte Reaktionskräfte. Diese wirken in Richtung des Krümmungsradius, d. h. als Radialkräfte.<br>→ 28 30 31 38 43 60</td><td>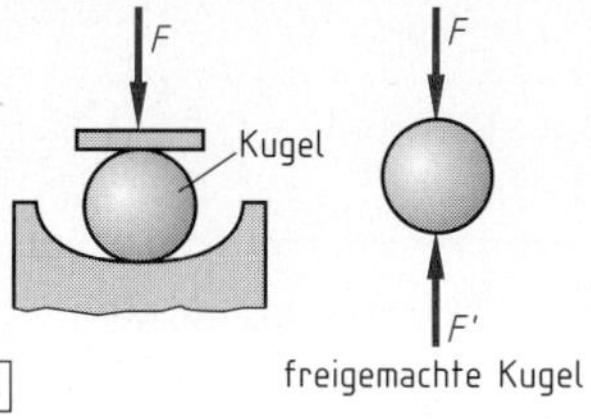

3</td><td>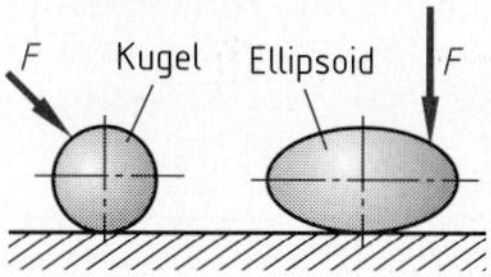

4<br>Kugel bzw. Ellipsoid bewegen sich.</td></tr>
<tr><td>Ketten und Seile können Kräfte nur in Spannrichtung übertragen. Die übertragenen Kräfte können nur Zugkräfte sein.<br>→ 53</td><td>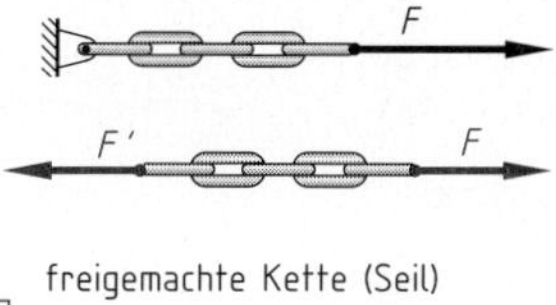

5</td><td>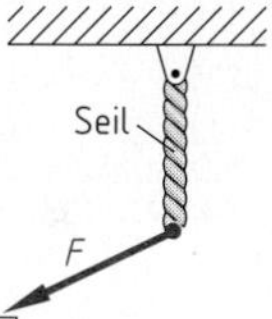

6<br>Ketten und Seile werden in Kraftrichtung ausgelenkt.</td></tr>
<tr><td>Zweigelenkstäbe (Pendelstützen) nehmen nur Zug- oder Druckkräfte in Richtung der Verbindungslinie der beiden Gelenkpunkte auf.<br>→ 53</td><td>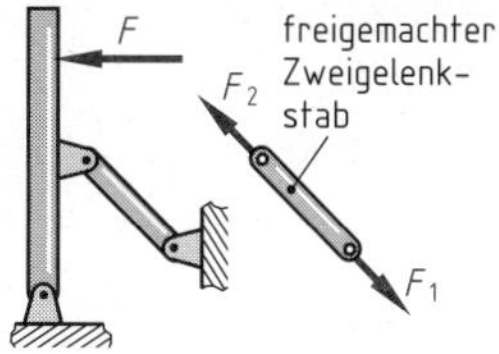

7</td><td>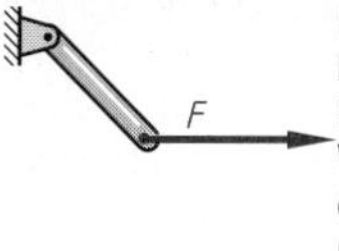

8<br>Der Pendelstab bewegt sich so lange, bis die WL der Kraft $F$ durch beide Gelenkpunkte geht.</td></tr>
<tr><td>Loslager nehmen nur Kräfte in senkrechter Richtung zum Lager auf.<br><br>Festlager können Kräfte in jeder beliebigen Richtung aufnehmen.<br>→ 15 22 23 24 66 71</td><td>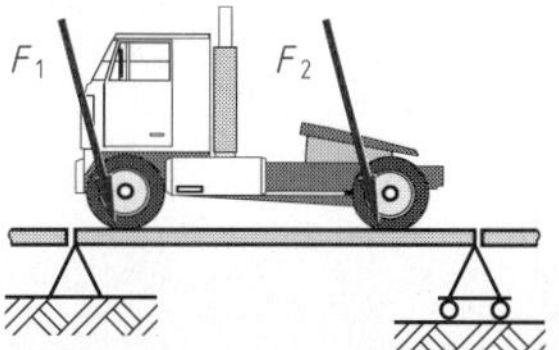

9 Festlager A Loslager B</td><td>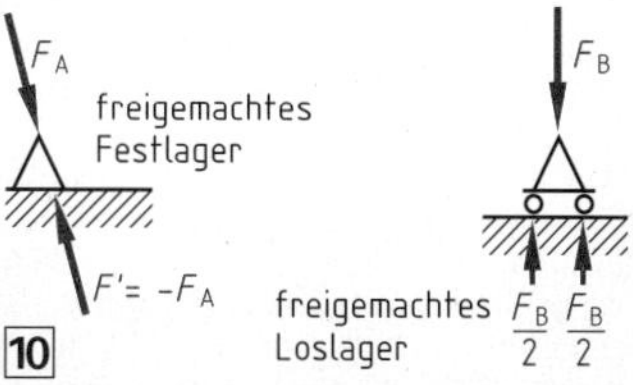

10</td></tr>
</table>

Beim Freimachen wird der Angriffspunkt, die ungefähre Richtung der WL, der Richtungssinn, nicht aber die Größe (der Betrag) der Reaktionskräfte ermittelt.

# Das zentrale Kräftesystem

## 5 Kräfte auf derselben Wirkungslinie

### 5.1 Hauptaufgaben der Statik → 1 6 7 8 9 11 12 15 20 65 66

1. Hauptaufgabe → Ermittlung der **Resultierenden** $F_r$ **(resultierende Kraft = Ersatzkraft)**

2. Hauptaufgabe → Ermittlung der **Stützkräfte** (Reaktionskräfte) aus den **Belastungskräften**.

### 5.2 Resultierende von Kräften auf derselben Wirkungslinie → 2

**Zeichnerische (grafische) Ermittlung von** $F_r$ mit Hilfe des **Kräfteplanes KP** (Bild 2). Dieser ist grundsätzlich maßstäblich zu zeichnen: Zum KP gehört immer ein **Kräftemaßstab KM**.
Beispiel: KM: 1 cm ≙ 10 da N.
Der KP wird aus dem **Lageplan LP** (Bild 1) entwickelt. Dieser kann unmaßstäblich sein.

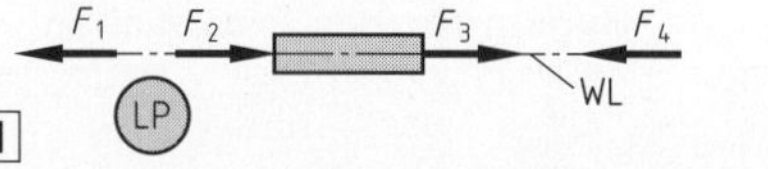


1

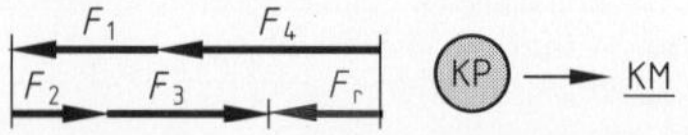


2

**Rechnerische (analytische) Ermittlung von** $F_r$ durch die arithmetische Summe der Einzelkräfte:

$F_r = \Sigma F = F_1 + F_2 + \cdots + F_n$ in N, da N, kN, MN

Der **Sinn der Kraft** (Wirkseite, z. B. nach rechts oder links bzw. nach oben oder unten) wird durch die **Wahl von Vorzeichen** (+ oder −) bei jeder Aufgabe neu berücksichtigt. Beispiel: Bild 3.

Unverbindlicher Vorschlag zur **Vorzeichenwahl:**

← ↓ Nach links oder unten gerichtete Kräfte: minus (−)

→ ↑ Nach rechts oder oben gerichtete Kräfte: plus (+)

3

$F_r = \Sigma F = 0$ → **Kräftegleichgewicht** → Beispiel → $F_r = F_1 + F_2 + F_3 + F_4$

$F_r = 10\,\text{N} - 5\,\text{N} + 17\,\text{N} - 22\,\text{N} = \mathbf{0}$

## 6 $F_r$ zweier Kräfte, deren WL sich schneiden (zeichnerische Lösung)

### 6.1 Anwendung des Längsverschiebungssatzes → 2 10 11 12 15 23 24 35

Schneiden sich die WL mehrerer Kräfte in einem Punkt, spricht man von einem **zentralen Kräftesystem**. Den Schnittpunkt bezeichnet man als **Zentralpunkt A**. Bild 4 zeigt dies für zwei Kräfte $F_1$ und $F_2$.

Liegen die Anfangspunkte zweier Kräfte, deren WL sich schneiden, nicht im Zentralpunkt A (Bild 4), können diese gemäß dem Längsverschiebungssatz dorthin verschoben werden (Bild 5).

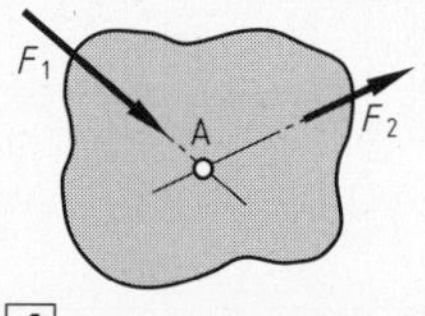


4

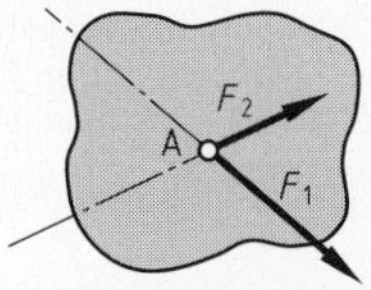


5

### 6.2 Kräftedreieck und Parallelogrammsatz → 7 9 11 33 36 68

Kräfte sind **Vektoren**. Durch die **vektorielle Addition** der Einzelkräfte erhält man die **Resultierende** $F_r$, d. h. den **Summenvektor**. Zeichnerisch entspricht dies einer **Aneinanderreihung der Einzelkräfte in beliebiger Reihenfolge**. Die Konstruktion (Bilder 6 und 7) heißt **Kräftedreieck.** Aus dieser Regel folgt der **Parallelogrammsatz:**

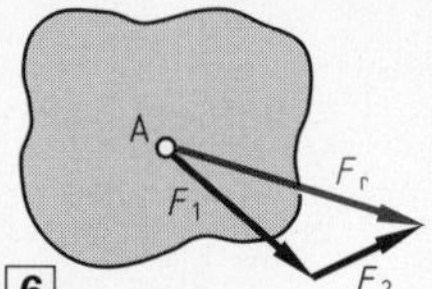


6

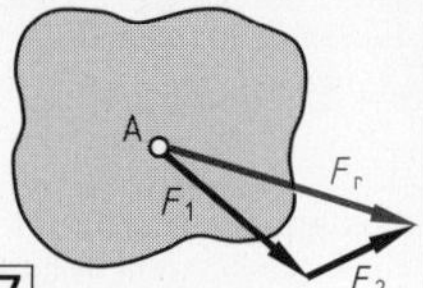


7

Greifen zwei Kräfte $F_1$ und $F_2$ in unterschiedlicher Richtung im selben Punkt A an (Bild 6), dann ergibt sich die Resultierende $F_r$ als die Diagonale des aus den beiden Einzelkräften gebildeten **Kräfteparallelogramms** (Bild 8). **Rechnerische Lösung** → 9

Die Resultierende (resultierende Kraft) $F_r$ hat die gleiche Wirkung auf einen Körper wie alle an ihm wirkenden Einzelkräfte. $F_r$, ersetzt also die Einzelkräfte und heißt deshalb auch Ersatzkraft.

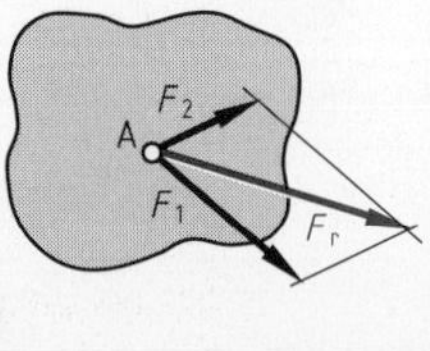


8

# 7 Zerlegung einer Kraft in zwei Kräfte

→ 6 9 10 11 15 23 27

Eine Kraft läßt sich in zwei Kräfte zerlegen. Diese nennt man **Teilkräfte** oder **Kraftkomponenten**. Eindeutig ist eine solche Kraftzerlegung nur in den beiden folgenden Fällen möglich:

## 7.1 Die Richtungen beider Komponenten sind bekannt → 2 6

Die WL $(F_1)$ und $(F_2)$ sind durch $\alpha$ und $\beta$ bekannt (Bild 1). Bild 2 zeigt das Kräfteparallelogramm mit den Komponenten $F_1$ und $F_2$ der Kraft $F$, d. h. die Teilkräfte $F_1$ und $F_2$.

**Sonderfall:** Komponenten sind horizontal bzw. vertikal gerichtet (7.1.1).

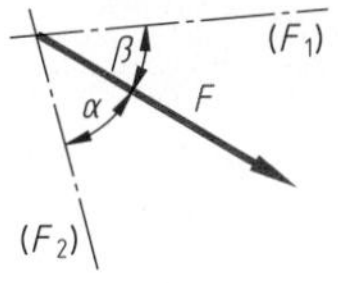


1

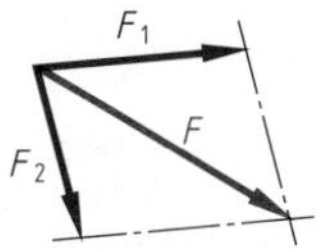


2

### 7.1.1 Horizontal- u. Vertikalkomponente

Zeichnerische Lösung: Bild 3

Trigonometrische Lösung:

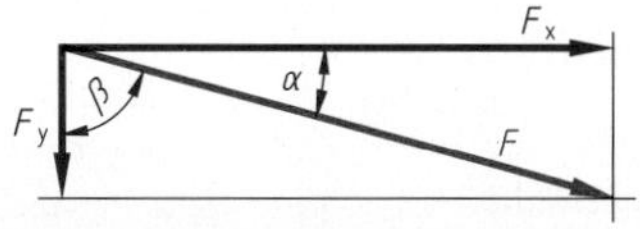


3

$F_x = F \cdot \cos\alpha = F \cdot \sin\beta$ **Horizontalkomponente**

$F_y = F \cdot \sin\alpha = F \cdot \cos\beta$ **Vertikalkomponente**

Werden nur die Wirkungslinien der Kräfte gezeichnet (Bild 1), setzt man die Kraftbezeichnungen in runde Klammern.

## 7.2 Größe und Richtung einer Kraftkomponente ist bekannt → 2 6

$F$ und $F_1$ sind gegeben (Bild 4). Bild 5 zeigt die Ermittlung von $F_2$ im **Kräfteparallelogramm**. Bild 6 zeigt die Lösung mit Hilfe eines **Kräftedreiecks**. Man erkennt:

Im Kräfteparallelogramm ist die Resultierende $F_r$ bzw. die zu zerlegende Kraft $F$ immer eine **Diagonale**. Im Kräftedreieck ist der Anfangspunkt der ersten Komponente mit dem Anfangspunkt der Gesamtkraft, und der Endpunkt der letzten Komponente mit dem Endpunkt der Gesamtkraft identisch.

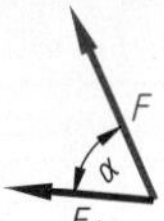


4

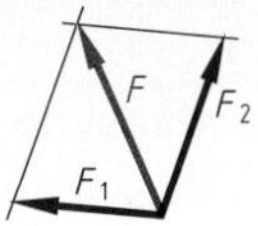


5

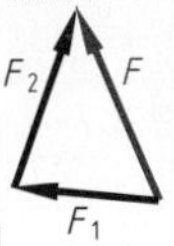


6

**Hinweis:** Die Kraftpfeile in der zeichnerischen Lösung sind ebenso gerichtet wie die Kraftübertragungselemente (Seil, Kette, Zweigelenkstab, etc.) in der Konstruktion. → 4

# 8 Zusammensetzen von mehr als zwei in einem Punkt angreifenden Kräfte

→ 6 10 22 23

Bei einem zentralen Kräftesystem (Bild 7) mit beliebig vielen Kräften, kann man $F_r$ durch das Zeichnen von **$(n-1)$ Kräfteparallelogrammen** oder **$(n-1)$ Kräftedreiecken** (mit $n$ = Anzahl der Kräfte) ermitteln. In der Regel: Lösung mit einem **Kräftepolygon (Kräftevieleck)**. Kurzbezeichnung: **Krafteck** (Bilder 8, 9).

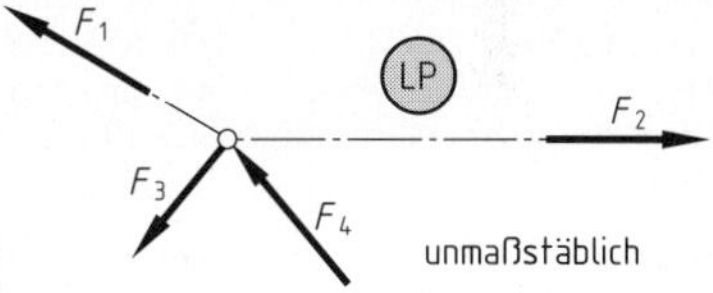


7

Das Krafteck (Kräfteplan KP) entsteht durch das Aneinanderreihen aller **Einzelkräfte in beliebiger Reihenfolge**, und zwar maßstäblich, d. h. mit einem KM.

KP (KM)

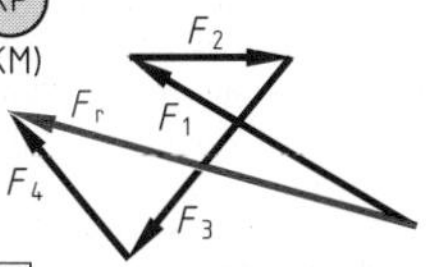


8

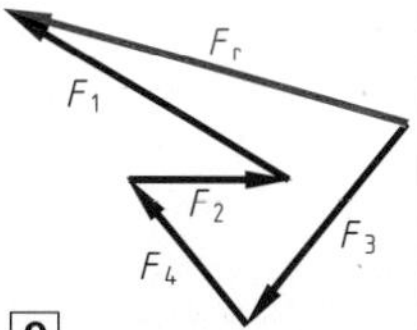


9

Die Resultierende $F_r$ ist im Krafteck vom Anfangspunkt der ersten Kraft zum Endpunkt der letzten Kraft gerichtet (vektorielle Addition).

**Rechnerische Ermittlung von $F_r$** → 9

# 9 Erste Gleichgewichtsbedingung der Statik

→ 8 13

## 9.1 Geschlossenes Krafteck (Bild 10)

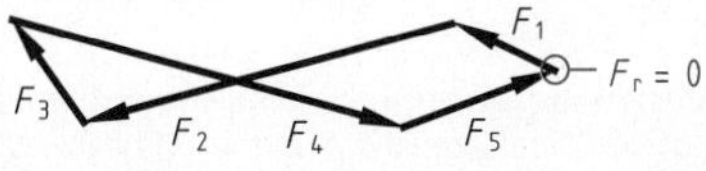


10

Aus Bild 10, Seite 11, ist zu erkennen:

$F_r = 0$ **Kräftegleichgewicht**

Bei **Kräftegleichgewicht**, d. h. bei $F_r = 0$, entsteht ein **geschlossenes Krafteck**, d. h. ein Krafteck mit „umlaufender Pfeilrichtung".

## 9.2 Rechnerische Ermittlung von $F_r$ ⟶ 7 8

### 9.2.1 Zwei Kräfte im zentralen Kräftesystem (Bild 1)

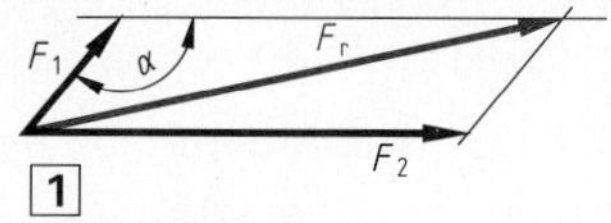


1

$F_r = \sqrt{F_1^2 + F_2^2 - 2 \cdot F_1 \cdot F_2 \cdot \cos\alpha}$ **Größe von $F_r$**

### 9.2.2 Beliebig viele Kräfte im zentralen Kräftesystem (Bilder 2 und 3)

Gemäß LP (Bild 2) alle Horizontal- und Vertikalkomponenten ermitteln, und zwar unter Beachtung der Vorzeichen ⟶ 5

$\Sigma F_x = F_{1x} + F_{2x} + \cdots$

$\Sigma F_y = F_{1y} + F_{2y} + \cdots$

z. B.: $F_{1x} = -F_1 \cdot \cos\alpha$

$F_{1y} = +F_1 \cdot \sin\alpha$

$F_{4y} = -F_4 \cdot \cos\beta$

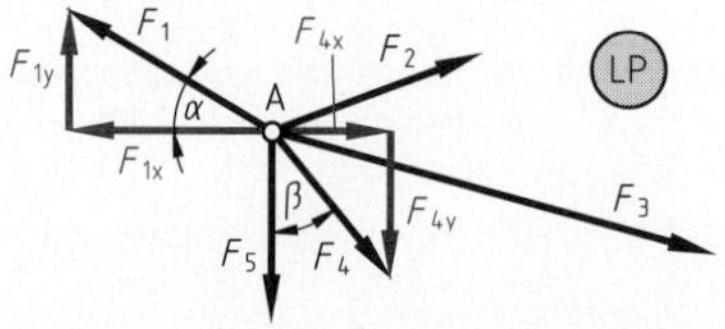


2

Gemäß Bild 3:

$F_r = \sqrt{(\Sigma F_x)^2 + (\Sigma F_y)^2}$ **Größe von $F_r$**

$\tan\beta_r = \dfrac{\Sigma F_y}{\Sigma F_x}$ **Richtung von $F_r$**

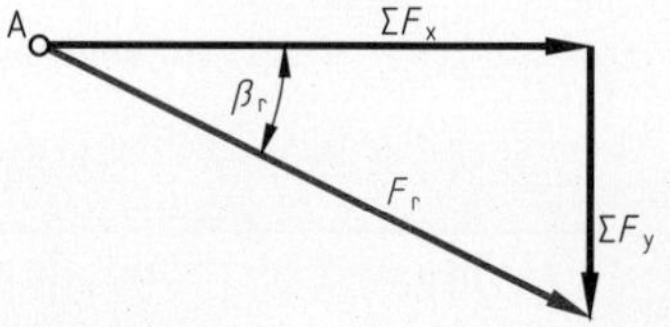


3

## 9.3 Erste statische Gleichgewichtsbedingung ⟶ 13

Gemäß 9.1: Kräftegleichgewicht bei $F_r = 0$, d. h.:

$\Sigma F_x = 0$ **und** $\Sigma F_y = 0$ **Kräftegleichgewicht**

**Zweite Gleichgewichtsbedingung** ⟶ 13

An einem Körper herrscht Kräftegleichgewicht, wenn die Summe aller Horizontalkomponenten **und** die Summe aller Vertikalkomponenten Null ist.

# 10 Bestimmung unbekannter Kräfte im zentralen Kräftesystem

⟶ 9 11 12 15 23 24

## 10.1 Zeichnerische Ermittlung unbekannter Kräfte ⟶ 9 11 12

Bei vorausgesetztem **Kräftegleichgewicht** müssen alle Kräfte in ihrer vektoriellen Summe zu einem **geschlossenen Krafteck** führen ⟶ 9

Sind in einem zentralen Kräftesystem mehrere Kräfte gegeben, dann ist es durch Vorgabe von zwei weiteren WL (Bild 3) möglich, zwei Kräfte zu ermitteln, die das Gleichgewicht herstellen (Bild 4).

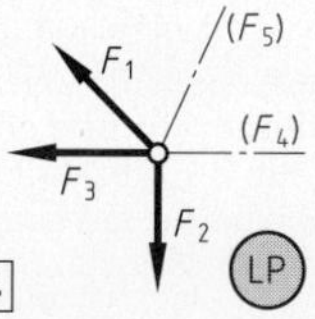


4

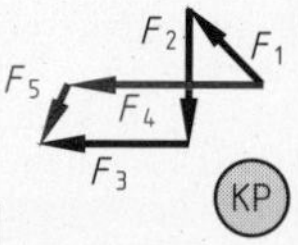


5

Natürlich ist es auch möglich, daß nur **eine** Kraft das Krafteck schließt. Sie liegt dann zwischen dem Anfangspunkt der ersten und dem Endpunkt der letzten vorgegebenen Kraft.

Sind mehr als zwei das Gleichgewicht herstellende Kräfte gesucht, so ist keine eindeutige Lösung möglich.

## 10.2 Rechnerische Ermittlung unbekannter Kräfte ⟶ 9 11 12

Gemäß 10.1: maximal zwei Kräfte eindeutig bestimmbar. Für diese zwei Unbekannten sind **zwei voneinander unabhängige Lösungsgleichungen** erforderlich. Bei Kräftegleichgewicht ⟶ 9 :

I. $\Sigma F_x = 0$
II. $\Sigma F_y = 0$ ⟶ Beispiel Bild 5:

I. $\Sigma F_x = F_{1x} + F_{2x} + F_{3x} + F_{4x} + F_{5x} = 0$
II. $\Sigma F_y = F_{1y} + F_{2y} + F_{3y} + F_{4y} + F_{5y} = 0$ ⟶ ergibt $\boldsymbol{F_4}$, $\boldsymbol{F_5}$

**Vorzeichenregel** ⟶ 5 beachten! Vorzeichen annehmen. Kommt beim Auflösen das Gegenvorzeichen heraus, dann war die Annahme falsch, d. h. der Richtungssinn ist entgegengesetzt.

# 11 Zeichnerische Ermittlung von $F_r$ im allgemeinen Kräftesystem

→ 6 7 8 9 14 21 22 23

## 11.1 Definition des allgemeinen Kräftesystems

Ein allgemeines Kräftesystem ist dann gegeben, wenn die WL der am Körper angreifenden Kräfte keinen gemeinsamen Schnittpunkt haben.

Beispiele zeigen die Bilder 1 und 2.

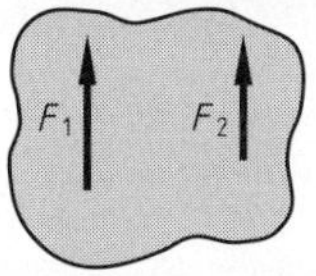


1

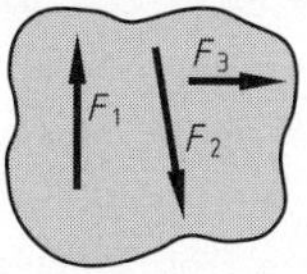


2

## 11.2 Zwei parallele Kräfte

Bild 1 zeigt diesen Fall. Durch Anwendung des **Erweiterungssatzes** → 2 und des **Längsverschiebungssatzes** → 2 ergibt sich im Bild 3 der Punkt P. Durch diesen Punkt geht die WL von $F_r$, ebenso gerichtet wie die beiden gegebenen parallelen Kräfte $F_1$ und $F_2$.

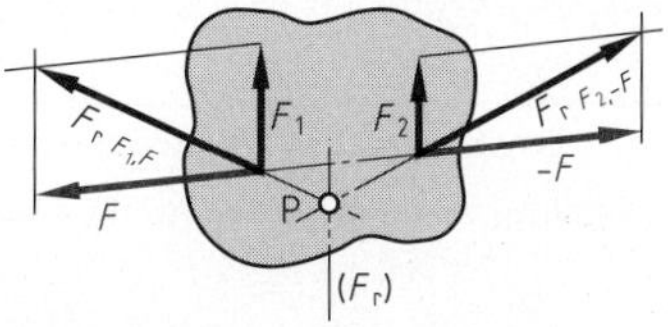


3

## 11.3 Beliebig viele Kräfte → 12 14

Zeichnerische Lösung durch **wiederholte Konstruktion**

a) **des Kräfteparallelogramms** → 6

b) **des Kräftedreiecks** → 6

Dies ist i. d. R. sehr aufwendig, deshalb meist **Seileckkonstruktion** → 12 oder **rechnerisches Verfahren** → 14.

# 12 Seileckverfahren (zwei oder mehr Einzelkräfte)

→ 8 14 15 17

Lösungsschritte zur Seileckkonstruktion:

a) Mit den Daten der Aufgabe (Bild 4), d. h. LP mit Größe, Richtung, Angriffspunkt aller Einzelkräfte wird der KP, d. h. das **Krafteck** gezeichnet (Bild 5, Teil mit Grauraster). Zwischen dem Anfangspunkt der ersten und dem Endpunkt der letzten Kraft liegt $F_r$.

b) Man wählt frei einen **Pol** 0 und zeichnet die **Polstrahlen** in den KP. Aus dem Krafteck wird so das **Poleck** (Bild 5).

c) Man verschiebt die Polstrahlen (0, 1, 2, ...) parallel vom KP (Bild 5) in den LP (Bild 6 ≙ Bild 4), d. h. man zeichnet im LP die **Seilstrahlen**. Seilstrahl 0 schneidet dabei die WL von $F_1$ an beliebiger Stelle. 1 wird parallel aus dem KP durch diesen Schnittpunkt a verschoben und schneidet $F_2$ usw.

d) Man bringt den ersten Seilstrahl (hier 0) mit dem letzten Seilstrahl (hier 4) im LP zum Schnitt. Durch den Schnittpunkt dieser beiden Seilstrahlen geht die WL von $F_r$, d. h. ($F_r$).

e) Man verschiebt $F_r$ aus dem KP parallel durch den Schnittpunkt der beiden äußeren Seilstrahlen (hier 0 und 4) im LP.

Das Seileckverfahren ist für beliebig viele – auch parallele – Kräfte anwendbar.

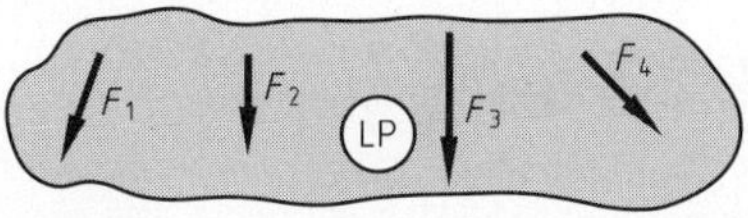


4

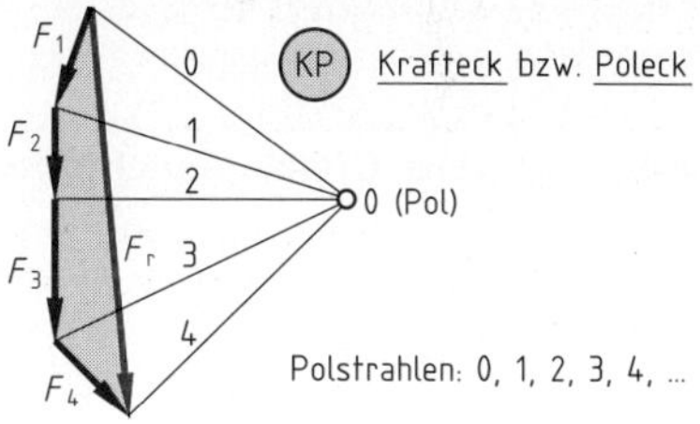


5

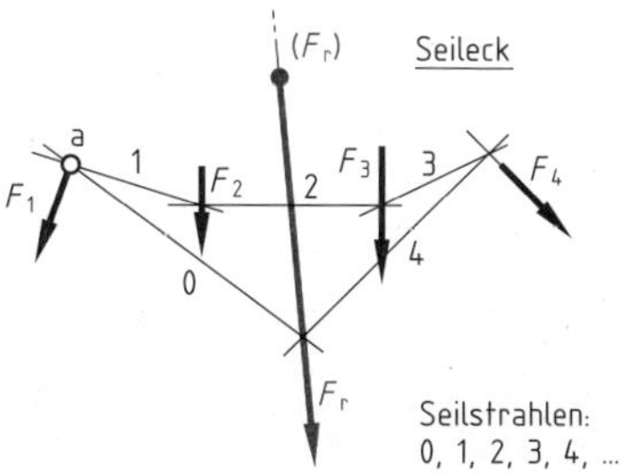


6

**Rechnerisches Verfahren** → 14

## Drehung von Körpern

# 13 Kräfte als Ursache einer Drehbewegung

→ 2 15 28 30 31 32 44 45 46 69 70

### 13.1 Das Kraftmoment der Resultierenden $F_r$

Bild 1 zeigt:

Geht die WL von $F_r$ nicht durch den Drehpunkt D eines Drehkörpers, dann erzeugt $F_r$ ein Kraftmoment.

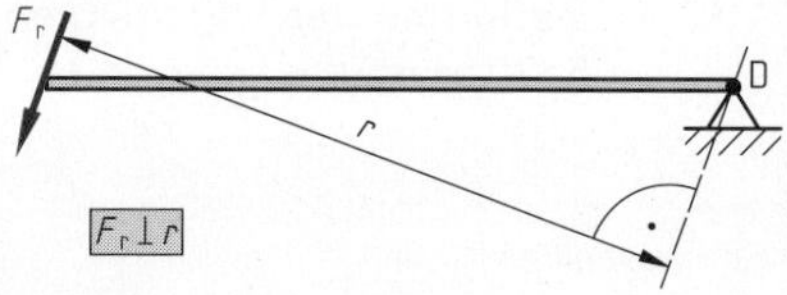


1

$M_d = F \cdot r$ **Kraftmoment** bzw. **Drehmoment**

| | | |
|---|---|---|
| $M_d$ | Kraftmoment (Drehmoment) | Nm |
| $F_r$ | Resultierende (oder Einzelkraft) | N |
| $r$ | senkrechter Hebelarm | m |

### 13.2 Drehsinn und Vorzeichen von $M_d$ → 14 15 16 20 ··· 24 30 31 65 66 69

**positives Drehmoment** →  → ⊕ → **Linksdrehsinn** (entgegen dem Uhrzeigersinn)

2

**negatives Drehmoment** →  → ⊖ → **Rechtsdrehsinn** (im Uhrzeigersinn)

3

### 13.3 Resultierendes Drehmoment und Schrägkräfte → 2

$M_{dr} = F_r \cdot r = F_1 \cdot r_1 + F_2 \cdot r_2 + \cdots$ **resultierendes Drehmoment**

**Das Gesamtdrehmoment = resultierendes Drehmoment** $M_{dr}$ entspricht der Summe der Einzeldrehmomente (Bild 4).

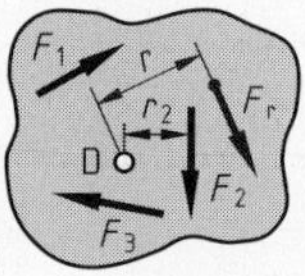


4

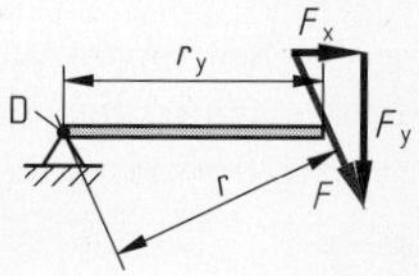


5

$M_d = F \cdot r = F_y \cdot r_y$ **Drehmoment bei Schrägkraft**

Bei **Schrägkräften** (Bild 5) errechnet sich das Drehmoment aus dem Produkt von Schrägkraft $F$ und senkrechtem Hebelarm $r$ oder aus der zum Hebelarm rechtwinkligen Kraftkomponente $F_y$ und dem tatsächlichen Hebelarm $r_y$.

| | | |
|---|---|---|
| $M_{dr}$ | resultierendes Drehmoment | Nm |
| $F_r$ | Resultierende | N |
| $r$ | senkrechter Hebelarm von $F_r$ | m |
| $F_1$, $F_2$ | Einzelkräfte | N |
| $F_y$ | senkrechte Komponente von $F$ | N |
| $r_y$ | senkrechter Hebelarm von $F_y$ | m |

### 13.4 Zweite Gleichgewichtsbedingung der Statik → 9 → erste GB

$\Sigma M_d = 0$ **Momentengleichgewicht** (zweite Gleichgewichtsbedingung der Statik)

An einem Körper herrscht Momentengleichgewicht, wenn die Summe aller Momente bzw. das resultierende Drehmoment Null ist.

### 13.5 Statischer Zustand → 1

$\Sigma F_x = 0$ **und** $\Sigma F_y = 0$ **und** $\Sigma M_d = 0$ → Körper befindet sich in Ruhe (statischer Zustand)

### 13.6 Kräftepaar und Parallelverschiebungssatz

Zwei gleich große, entgegengerichtete parallele Kräfte (Abstand $r$) heißen **Kräftepaar**.

$M_d = F \cdot r$ **Moment des Kräftepaares** (Bild 6)

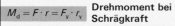

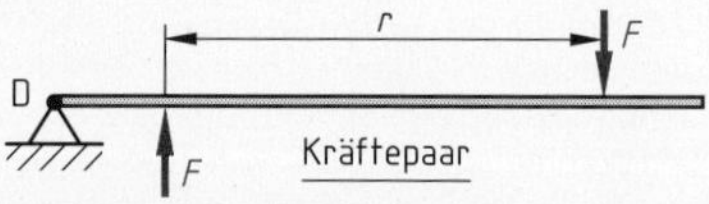


6

Der Abstand des Kräftepaares vom Drehpunkt beeinflußt nicht das vom Kräftepaar erzeugte Drehmoment $M_d$.

Man kann eine Kraft $F$ auf eine zu ihr parallele WL mit dem Abstand $r$ verschieben, wenn ein Kraftmoment $F \cdot r$ entgegenwirkt. → **Parallelverschiebungssatz**

## 14 Rechn. Ermittlung von $F_r$ im allgemeinen Kräftesystem (Momentensatz)

→ 11 12 13

$M_{dr} = F_r \cdot r = F_1 \cdot r_1 + F_2 \cdot r_2 + \cdots$ **Momentensatz** bzw. **resultierendes Drehmoment** → 13

$r = \frac{M_{dr}}{F_r} = \frac{\Sigma M_d}{F_r} = \frac{F_1 \cdot r_1 + F_2 \cdot r_2 + \cdots}{F_r}$ **Lage von $F_r$**

$F_r = \sqrt{(\Sigma F_x)^2 + (\Sigma F_y)^2}$ $\tan \alpha = \frac{\Sigma F_x}{\Sigma F_y}$ → 8

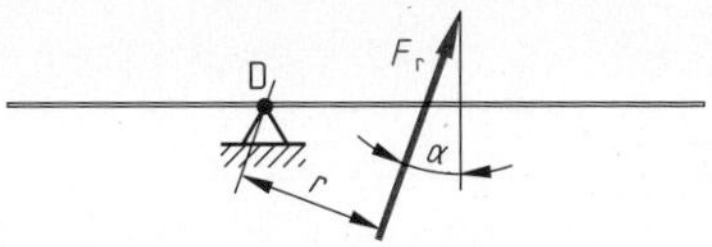


1

Vorzeichenregeln → 13 beachten!

## 15 Auflagerkräfte beim Träger auf zwei Stützen (Stützträger)

→ 20 ··· 24 66

### 15.1 Rechnerische Bestimmung

$\Sigma M_{d(A)} = 0$, $\Sigma M_{d(B)} = 0$, $\Sigma F_y = 0$ → $F_{Ay} = \frac{\Sigma (F_y \cdot b)}{l}$, $F_B = \frac{\Sigma (F_y \cdot a)}{l}$ → Kontrolle: $F_{Ay} + F_B = \Sigma F_y$

$\Sigma F_x = 0$ → $F_{Ax} = -\Sigma F_x$

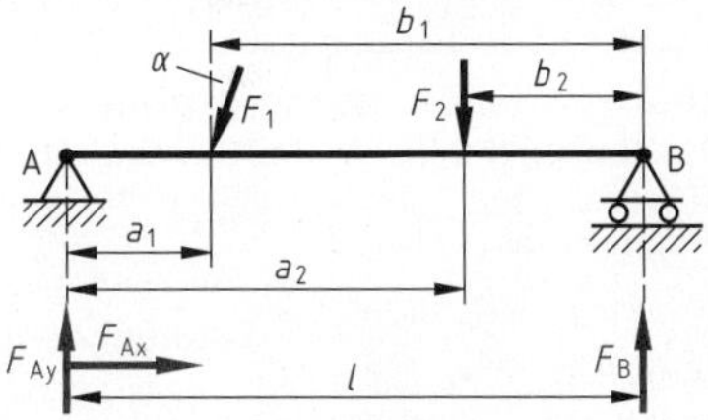


2

Vorzeichenregeln → 5 13 beachten!

### 15.2 Zeichnerische Bestimmung → Schlußlinienverfahren → 12

Lösungsschritte zum Schlußlinienverfahren:

1. LP des freigemachten Körpers mit den WL aller Kräfte, auch den WL der Lagerreaktionen, zeichnen (Bild 3).
2. KP mit Polstrahlen zeichnen und damit $F_r$ ermitteln (Bild 4).
3. Seileck im LP zeichnen. Bei senkrechten parallelen Kräften kann der Anfangspunkt beliebig auf die WL des Festlagers gelegt werden. Treten schräge Belastungen auf, muß der Anfangspunkt in das Festlager gelegt werden (Punkt a, Bild 3). Dies ist der erste Punkt der Schlußlinie. Der zweite Punkt (b) der Schlußlinie ergibt sich im Schnittpunkt des letzten Seilstrahls (hier 2) mit der WL der Reaktionskraft des Loslagers.
5. Punkte (a) und (b) geradlinig verbinden. Diese Verbindungslinie ist die **Schlußlinie** S.
6. Schlußlinie S parallel durch den Pol 0 in den KP verschieben. Damit wird $(-F_{ry})$ in die senkrechten Lagerreaktionen $F_{Ay}$ und $F_B$ aufgeteilt.
6. $F_{Ax} = -F_{rx}$.

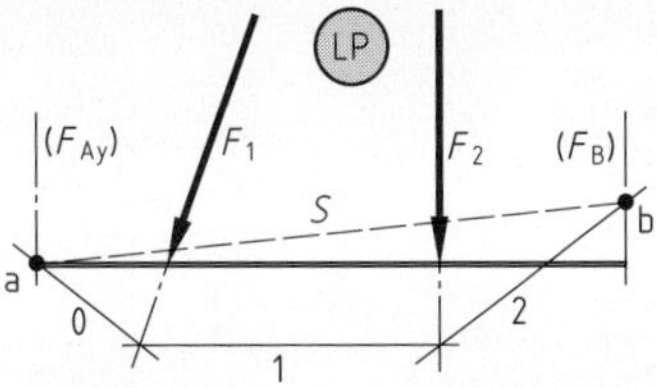


3

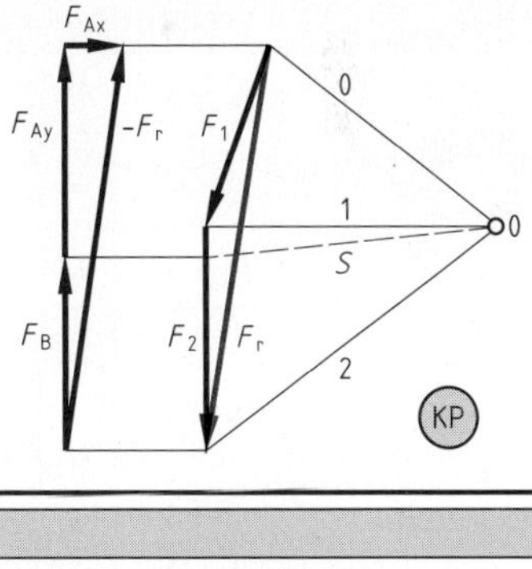


4

## Der Schwerpunkt

## 16 Bestimmung von Schwerpunkten mittels Momentensatz

→ 17 63

### 16.1 Linienschwerpunkte (zeichn. Lösung → 17)

**x-Komponente:**

$$x = \frac{l_1 \cdot x_1 + l_2 \cdot x_2 + \cdots}{l_1 + l_2 + \cdots}$$

**y-Komponente:**

$$y = \frac{l_1 \cdot y_1 + l_2 \cdot y_2 + \cdots}{l_1 + l_2 + \cdots}$$

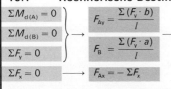

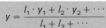

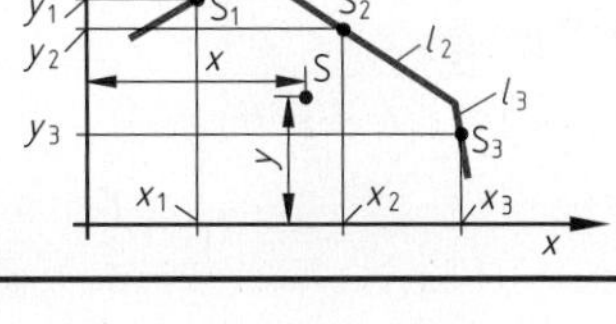


5

**gerader Linienzug**

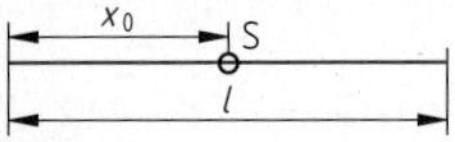


1

$$x_0 = \frac{l}{2}$$

**Umfang eines Dreiecks**

$$y_0 = \frac{h \cdot (b + c)}{2 \cdot (a + b + c)}$$

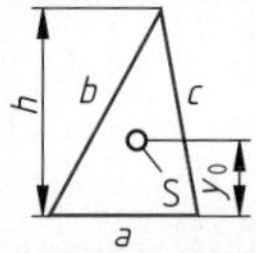


2

**Halbkreisbogen**

$$y_0 = \frac{2 \cdot r}{\pi}$$

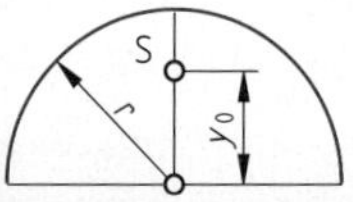


3

**Kreisbogen**

$$y_0 = r \cdot \frac{s}{b}$$

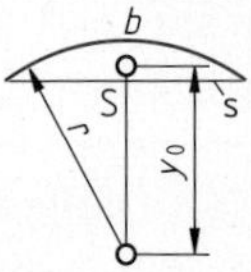


4

**Umfang eines Rechteckes**

$$y_0 = \frac{h}{2}$$

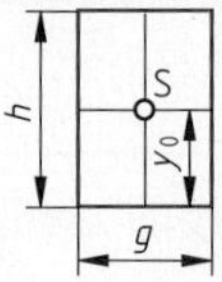


5

**rechter Winkel**

$$x_0 = \frac{b^2}{2 \cdot (a + b)}$$

$$y_0 = \frac{a^2}{2 \cdot (a + b)}$$

6

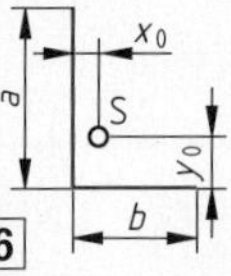


## 16.2 Flächenschwerpunkte → 19 63

Die **Gesamtfläche in Teilflächen** ($A_1, A_2, \ldots$) mit bekannter Schwerpunktlage **zerlegen**. Der **Momentensatz** liefert:

$$x = \frac{A_1 \cdot x_1 + A_2 \cdot x_2 + \cdots}{A_1 + A_2 + \cdots}$$ **x-Komponente**

$$y = \frac{A_1 \cdot y_1 + A_2 \cdot y_2 + \cdots}{A_1 + A_2 + \cdots}$$ **y-Komponente**

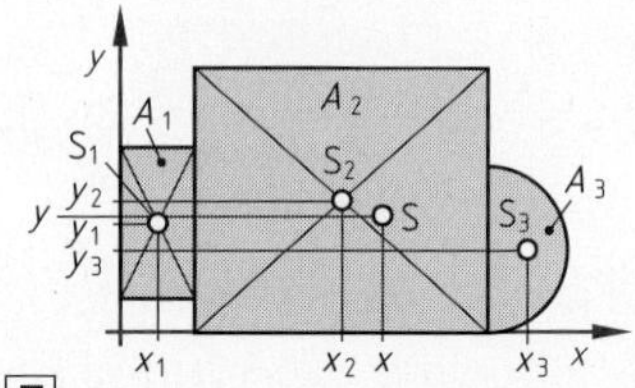


7

Flächenmomente und Flächen von Bohrungen sind in der Rechnung abzuziehen!

**zeichnerische Lösung** → 17

**Dreieck**

$$y_0 = \frac{h}{3}$$

Der Schwerpunkt liegt im Schnittpunkt der Seitenhalbierenden.

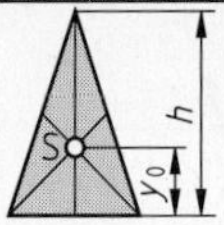


8

**Halbkreis**

$$y_0 = \frac{4}{3} \cdot \frac{r}{\pi}$$

$$y_0 \approx 0{,}424 \cdot r$$

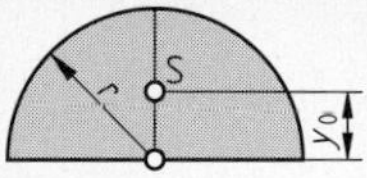


9

**Kreis, Kreisring**

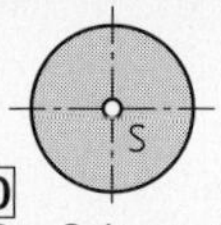


10

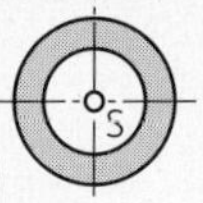


11

Der Schwerpunkt liegt im Mittelpunkt.

**Kreisabschnitt**

$$y_0 = \frac{s^3}{12 \cdot A}$$

$A$ = Fläche

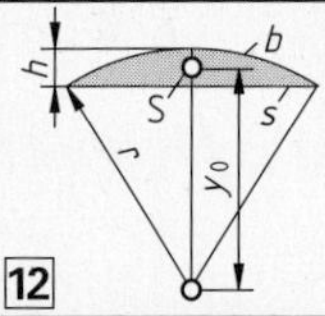


12

**Kreisausschnitt (Sektor)**

$$y_0 = \frac{2 \cdot r \cdot s}{3 \cdot b}$$

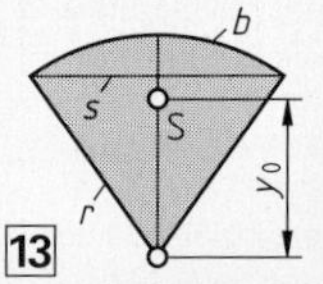


13

**Parabelhalbierung**

$$x_0 = \frac{3}{5} \cdot a$$

$$y_0 = \frac{3}{8} \cdot b$$

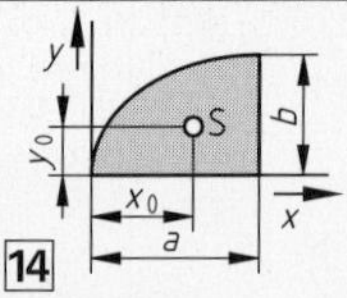


14

**Trapez**

$$y_0 = \frac{h}{3} \cdot \frac{a + 2 \cdot b}{a + b}$$

oder konstruktiv.

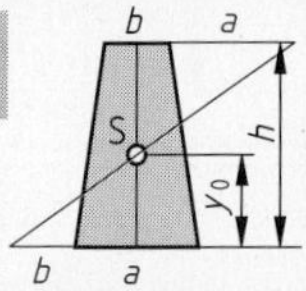


15

**Quadrat, Rechteck**

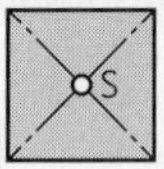


16

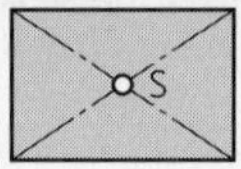


17

Der Schwerpunkt liegt im Mittelpunkt = Diagonalenschnittpunkt.

**Parallelogramm**

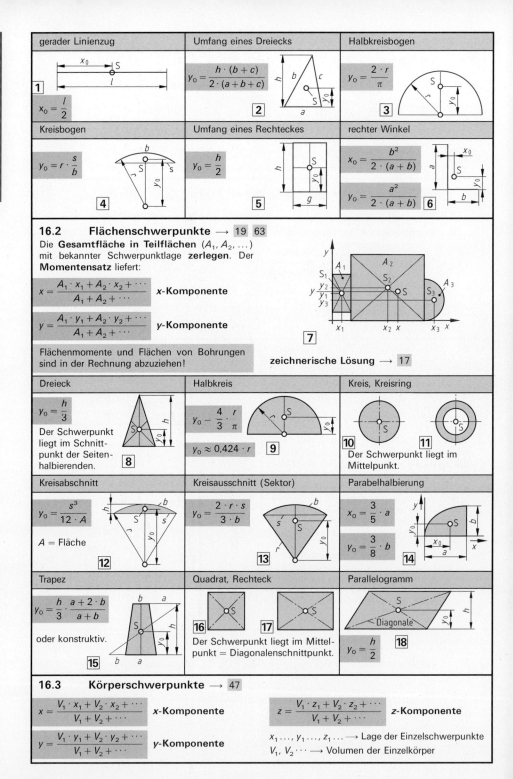

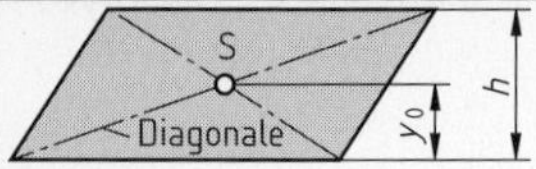


$$y_0 = \frac{h}{2}$$

18

## 16.3 Körperschwerpunkte → 47

$$x = \frac{V_1 \cdot x_1 + V_2 \cdot x_2 + \cdots}{V_1 + V_2 + \cdots}$$ **x-Komponente**

$$y = \frac{V_1 \cdot y_1 + V_2 \cdot y_2 + \cdots}{V_1 + V_2 + \cdots}$$ **y-Komponente**

$$z = \frac{V_1 \cdot z_1 + V_2 \cdot z_2 + \cdots}{V_1 + V_2 + \cdots}$$ **z-Komponente**

$x_1 \ldots, y_1 \ldots, z_1 \ldots$ → Lage der Einzelschwerpunkte

$V_1, V_2 \cdots$ → Volumen der Einzelkörper

### Kugel, Hohlkugel

Der Schwerpunkt liegt im Mittelpunkt.

$$y_0 = r = \frac{d}{2}$$

$r$ = Außenradius
$d$ = Außendurchmesser

### Kugelausschnitt

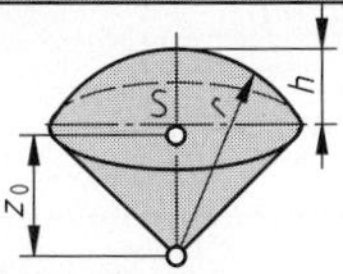


3

$$z_0 = \frac{3}{8} \cdot (2 \cdot r - h)$$

### Pyramide

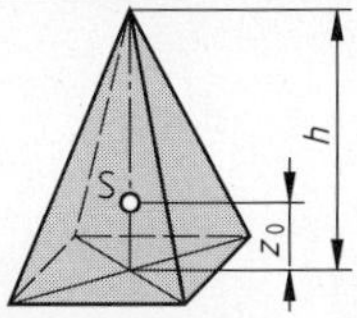


6

$$z_0 = \frac{h}{4} = 0{,}25 \cdot h$$

### Tetraeder

$$z_0 = \frac{h}{4}$$

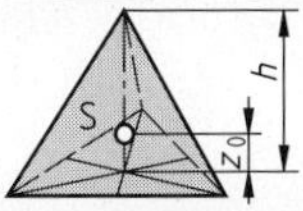


9

### schief abgeschnittener Zylinder

$$r = \frac{d}{2}$$

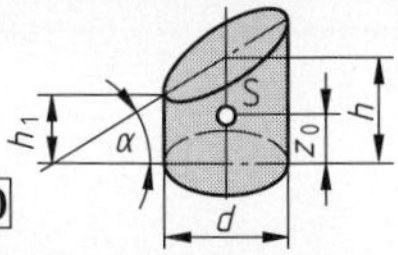


10

$$z_0 = \frac{h + h_1}{4} + \frac{1}{4} \cdot \frac{r^2 \cdot \tan^2\alpha}{h + h_1}$$

### Halbkugel

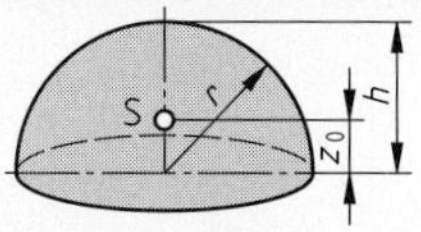


1

$$z_0 = \frac{3}{8} \cdot r = 0{,}375 \cdot r$$

### Kegel

$$z_0 = \frac{h}{4} = 0{,}25 \cdot h$$

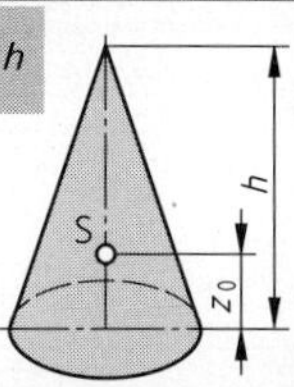


4

### Prisma

$$z_0 = \frac{h}{2}$$

Gültig für alle Körper mit parallelen Körperkanten und paralleler Grund-und Deckfläche.

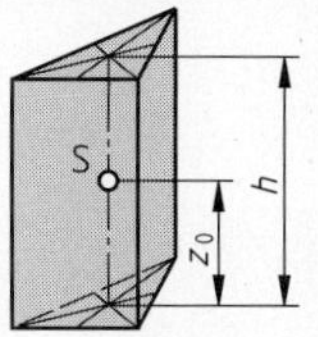


7

### Quader, Rechtecksäule, Würfel

Der Schwerpunkt ist mit dem **Schnittpunkt der Raumdiagonalen** identisch.

### Zylinder, Hohlzylinder

$$z_0 = \frac{h}{2}$$

wie Prisma

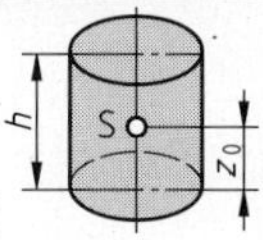


11

### Kugelabschnitt

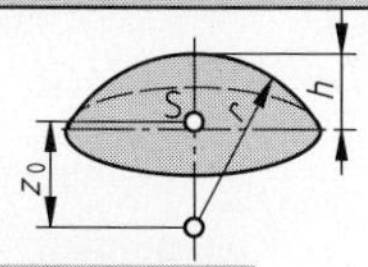


2

$$z_0 = \frac{3}{4} \cdot \frac{(2 \cdot r - h)^2}{3 \cdot r - h}$$

### Kegelstumpf

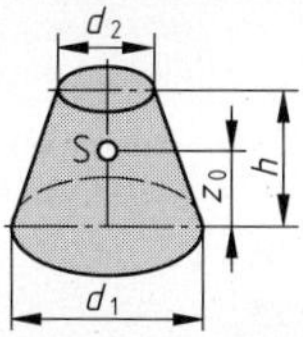


5

$$z_0 = \frac{h}{4} \cdot \frac{d_1^2 + 2 \cdot d_1 \cdot d_2 + 3 \cdot d_2^2}{d_1^2 + d_1 \cdot d_2 + d_2^2}$$

### Keil

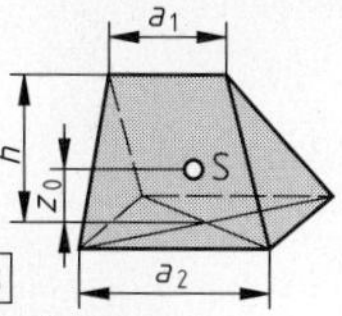


8

$$z_0 = \frac{h}{2} \cdot \frac{a_2 + a_1}{2 \cdot a_2 + a_1}$$

### Pyramidenstumpf

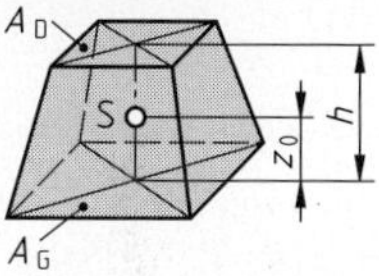


12

$$z_0 = \frac{h}{4} \cdot \frac{A_G + \sqrt{A_G \cdot A_D} + 3 \cdot A_D}{A_G + \sqrt{A_G \cdot A_D} + A_D}$$

## 17 Bestimmung von Schwerpunkten mittels Seileckkonstruktion

→ 12 16

Bei **Flächenschwerpunkten** → 16 werden die Beträge der **Teilflächen** wie die **Kräfte bei der Seileckkonstruktion** → 12 behandelt. Dies zeigt Bild 13. Da zur Bestimmung eines Schwerpunktes zwei Schwerlinien erforderlich sind, muß das **Seileckverfahren in *x*- und *y*-Richtung** angewendet werden. Die Schwerpunktlage der Teilflächen ($A_1$, $A_2$...) muß bekannt sein.
Bei **Linienschwerpunkten** → 16 wird entsprechend verfahren. Hier werden die **Teillängen** ($l_1$, $l_2$...) **wie die Kräfte bei der Seileckkonstruktion** behandelt, und zwar analog Bild 13, ebenfalls in x- und y-Richtung.

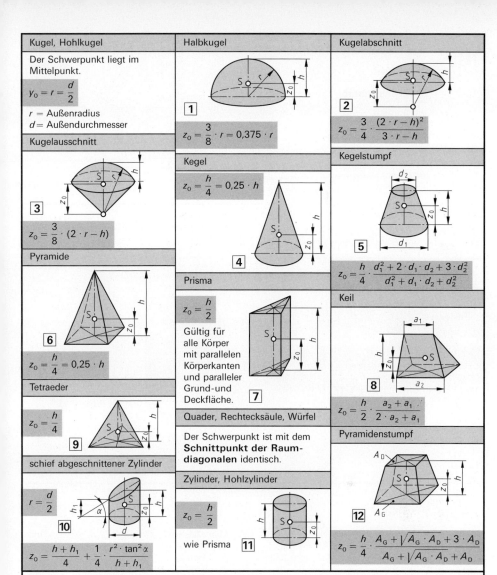

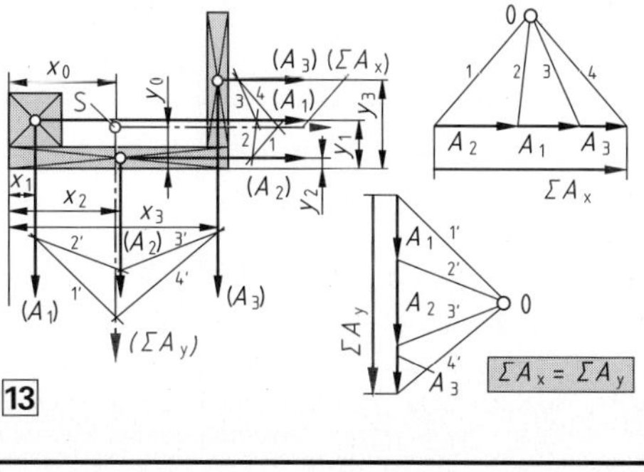


13

## 18 Gleichgewicht und Kippen

→ 2 13

### 18.1 Standfestigkeit

$F_1 \cdot r_1$ → **Kippmoment** → $M_K$ in Nm

$F_G \cdot r$, $F_2 \cdot r_2$ → **Standmomente** → $M_S$ in Nm

Standfestigkeit ist vorhanden, wenn ein Körper **Kippkanten** (Kipp-Punkte) hat (Punkt G in Bild 1) und das Lot des Schwerpunktes die Standfläche innerhalb der Kippkanten trifft.

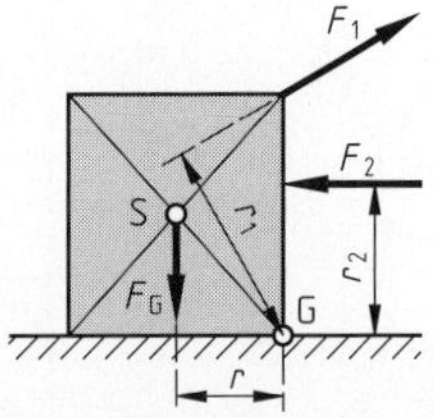


1

### 18.2 Kippsicherheit

$$\nu_K = \frac{\Sigma M_S}{\Sigma M_K}$$

Stabiles Gleichgewicht → $\nu_K > 1$

| | | |
|---|---|---|
| $\Sigma M_S$ | Summe aller Standmomente | Nm |
| $\Sigma M_K$ | Summe aller Kippmomente | Nm |

## 19 Die Regeln von Guldin

→ 16 17

### 19.1 Volumen eines Rotationskörpers

$V = \pi \cdot d_1 \cdot A$ → Bild 2

Der Rauminhalt (Volumen) eines Rotationskörpers (Drehkörpers) errechnet sich aus dem Produkt der Profilfläche (Drehfläche) $A$ und ihrem Schwerpunktweg bei einer Umdrehung um die Rotationsachse $d_1 \cdot \pi$.

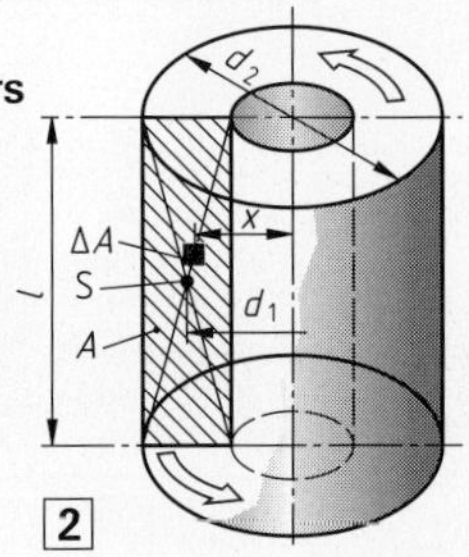


2

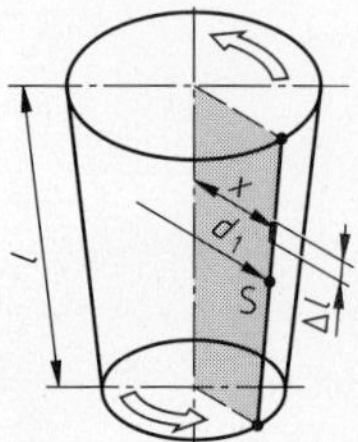


3

| | | |
|---|---|---|
| $A$ | Drehfläche (Profilfläche) | $m^2$ |
| $d_1$ | Durchmesser des Schwerpunktweges der Drehfläche | m |
| $V$ | Volumen des Rotationskörpers | $m^3$ |

### 19.2 Mantelfläche eines Rotationskörpers

$A = \pi \cdot d_1 \cdot l$ → Bild 3

Die Mantelfläche eines Rotationskörpers errechnet sich aus dem Produkt der Länge der Mantellinie $l$ und ihrem Schwerpunktweg bei einer Umdrehung um die Rotationsachse $d_1 \cdot \pi$.

| | | |
|---|---|---|
| $A$ | Mantelfläche | $m^2$ |
| $d_1$ | Durchmesser des Schwerpunktweges der Mantellinie | m |
| $l$ | Länge der Mantellinie | m |

**Anmerkung:** Die **Oberfläche** errechnet sich aus der Summe von Mantelfläche, Grundfläche und Deckfläche des Rotationskörpers.

# Fachwerke

## 20 Das statisch bestimmte ebene Fachwerk

→ 9 13 15

### 20.1 Kennzeichen des idealen Fachwerkes

1. Stabschwerachsen schneiden sich alle im Knotenpunkt (Bild 4).
2. Kraftangriffe erfolgen nur in den Knoten (idealisieren).
3. Die Stäbe sind (idealisiert) durch reibungsfreie Gelenke verbunden. In den Knoten erfolgt demzufolge keine Momentenübertragung.

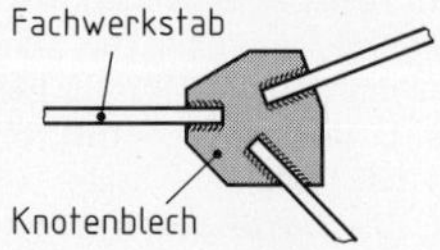


4

## 20.2 Statische Bestimmtheit eines ebenen Fachwerkes → 9 13

$s = 2 \cdot k - 3$
↓
Statisch bestimmt

Wegen der Anzahl der Lösungsgleichungen $\Sigma F_x = 0$, $\Sigma F_y = 0$, $\Sigma M_d = 0$ muß $s$ mit $k$ in einem bestimmten Verhältnis stehen. Nur so ist das Fachwerksystem statisch bestimmt.

| | | |
|---|---|---|
| $s$ | Anzahl der Fachwerkstäbe | 1 |
| $k$ | Anzahl der Knoten | 1 |

In jedem Knoten muß die erste **und** zweite Gleichgewichtsbedingung erfüllt sein.

## 20.3 Lösungsschritte zur Berechnung eines ebenen Fachwerksystems → 13 15

1. Überprüfung auf statische Bestimmtheit
2. Bestimmung der Auflagerkräfte $F_{A_x}$, $F_{A_y}$ und $F_B$
3. Bestimmung der Stabkräfte

} → Statik

4. Dimensionierung der Stäbe und Lager → Festigkeitslehre

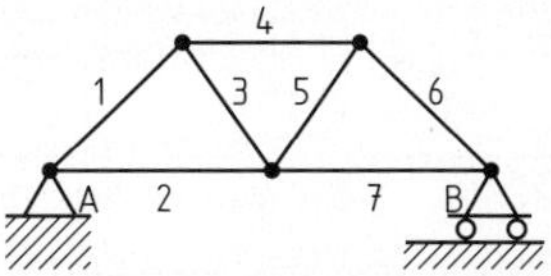


1

## 20.4 Vorzeichen der Stabkräfte und Wertetafel → 53

Zugstab → +
Druckstab → −

} Alle Stabkräfte werden in einer Wertetafel aufgelistet. } Beispiel →

| Stab | Stabkraft in kN |
|---|---|
| 1 | −7,8 |
| 2 | +6,5 |
| ... | ... |

# 21 Zeichnerische Stabkraftermittlung mittels Krafteck

→ 8 10

Beginn mit einem Knoten mit nicht mehr als zwei unbekannten Stabkräften und einer von außen wirkenden Kraft (z. B. Knoten A in Bild 1). Das Krafteck zeigt Bild 2.

Ist eine Stabkraft auf den Knoten hingerichtet, dann ist dieser Stab ein **Druckstab** (−). Ist eine Stabkraft vom Knoten weggerichtet, dann ist dieser Stab ein **Zugstab** (+).

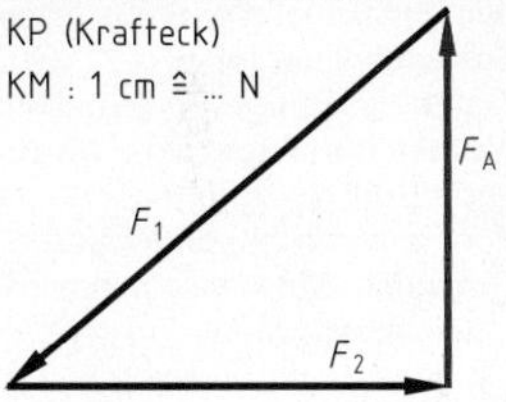


2

# 22 Zeichnerische Stabkraftermittlung mittels Cremonaplan

→ 8 10 13 15 21 53

### Lösungsschritte zum Cremonaplan

1. Statische Bestimmtheit prüfen → 20
2. Bestimmung der Auflagerkräfte → 15
3. Krafteck aller äußeren Kräfte – einschließlich Lagerkräfte – zeichnen (rot in Bild 4). Dabei Kräfte im vorher gewählten **Umfahrungssinn** (Kraftfolgesinn) aneinanderreihen (z. B. im Uhrzeigersinn).
4. Bild 4: Zur **Bestimmung der Stabkräfte** geht man von einem Knoten aus, an welchem nur zwei unbekannte Stabkräfte vorkommen und zeichnet für diesen Knotenpunkt das Krafteck an das bereits (rot) gezeichnete Krafteck aller äußeren Kräfte. Dies geschieht nun anschließend an dieses Krafteck für jeden folgenden Knotenpunkt, wobei aber stets die Bedingung gilt, daß nur zwei unbekannte Stabkräfte vorhanden sein dürfen.
5. Jeder Knotenpunkt ist beim Zeichnen seines Kraftecks im Umfahrungssinn (3.) zu umfahren.
6. Kraftpfeile vom KP in das **Systembild** LP (Bild 5) übertragen ergibt Zugstäbe (+) und Druckstäbe (−) → 21.

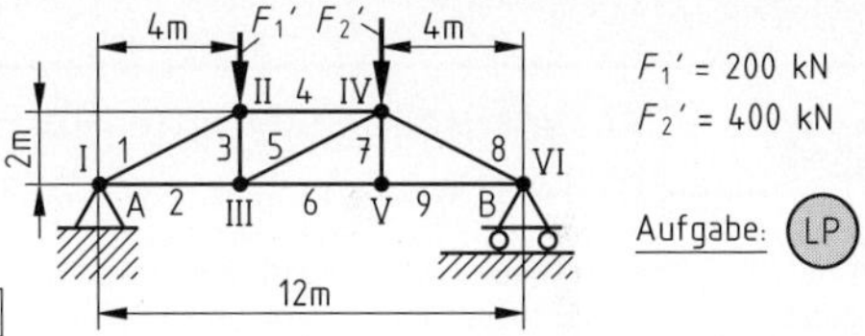


3

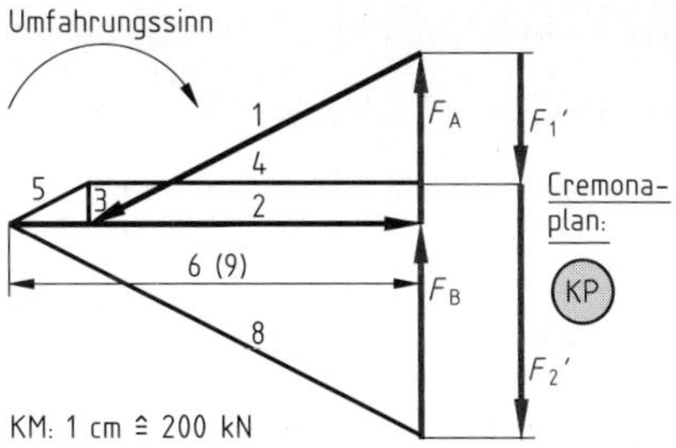


4

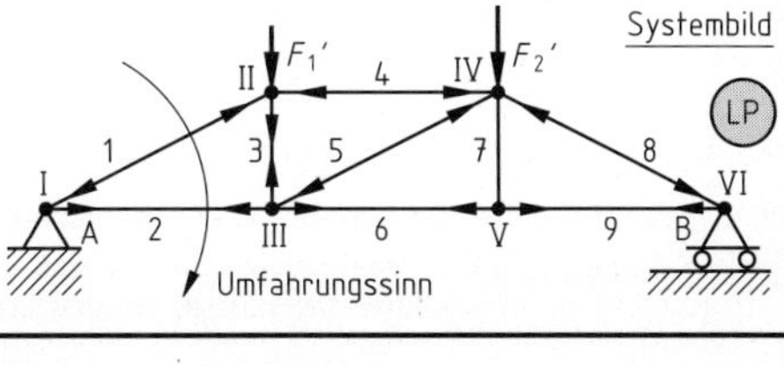


5

# 23 → 8 9 10 13 Zeichnerische Stabkraftermittlung mittels Culmannschem Schnittverfahren

## 23.1 Vier-Kräfte-Verfahren → 5

Vier Kräfte stehen bei ihrem Wirken auf einen Körper im Gleichgewicht, wenn sich die Resultierenden je zweier Kräfte aufheben.

Diese beiden Resultierenden müssen auf einer gemeinsamen WL liegen. Diese ist die **Culmannsche Gerade h** (Bild 1).

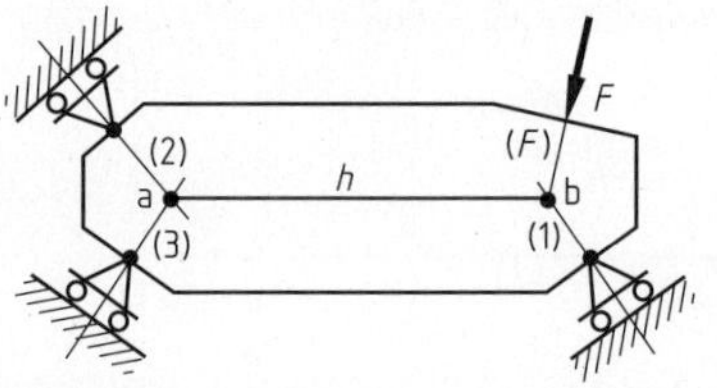


1

## 23.2 Culmannsches Schnittverfahren → 8 9 13

Wendet man das **Vier-Kräfte-Verfahren** unter Einschluß der äußeren Kräfte, **die zu einer Resultierenden zusammengefaßt werden können**, an, dann folgt:

Mit dem Culmannschen Schnittverfahren lassen sich maximal drei Stabkräfte ermitteln.

Man schneidet deshalb gedanklich das Fachwerk durch maximal drei Stäbe in zwei Teile I und II (rote Schlangenlinie im Bild 2). So lassen sich z. B. die Kräfte $F_6$, $F_7$ und $F_8$ ermitteln. Diese werden **zunächst als Zugkräfte angenommen**. $F_6$ mit $F_7$ und $F$ mit $F_8$ zum Schnitt gebracht, ergeben die Punkte a und b. Verbindung a – b: **Culmannsche Gerade h**. Mit Hilfe von h wird das Krafteck (Bild 3) gezeichnet. Man erkennt: Stab 6: Druckstab ($F_6$ drückt auf den Knoten),
Stab 7: Druckstab, Stab 8: Zugstab.

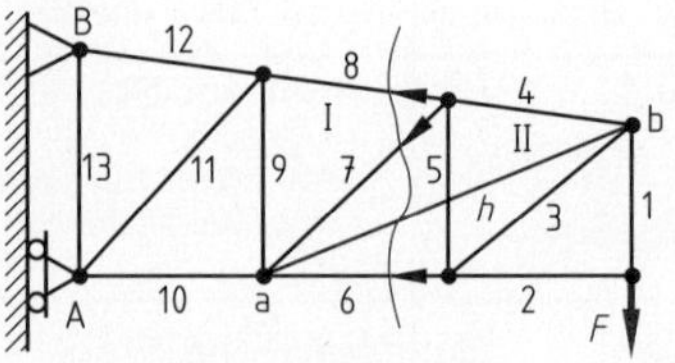


2

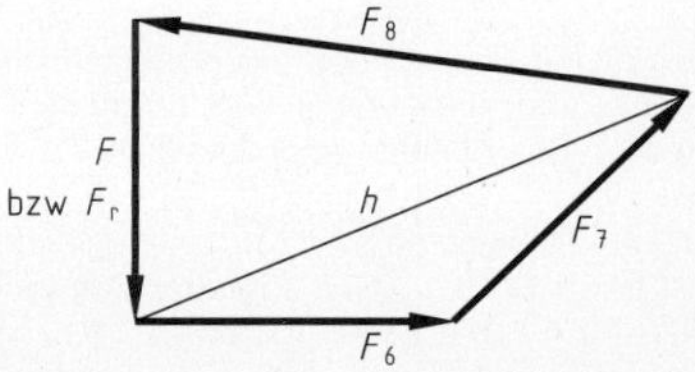


3

Wird der Trägerteil betrachtet, auf den Stutzkräfte wirken (z. B. Bild 2, Teil I), dann müssen diese Stützkräfte mitberücksichtigt werden.

# 24 → 13 14 23 Rechnerische Stabkraftermittlung mittels Ritterschem Schnittverfahren

Wie bei Culmann: Fachwerk in zwei Teile I und II gedanklich zerlegen (rote Schlangenlinie in Bild 4).

Mit dem Ritterschen Schnitt maximal drei Stäbe schneiden. Diese sind **zunächst als Zugkräfte in die Rechnung einzusetzen**.

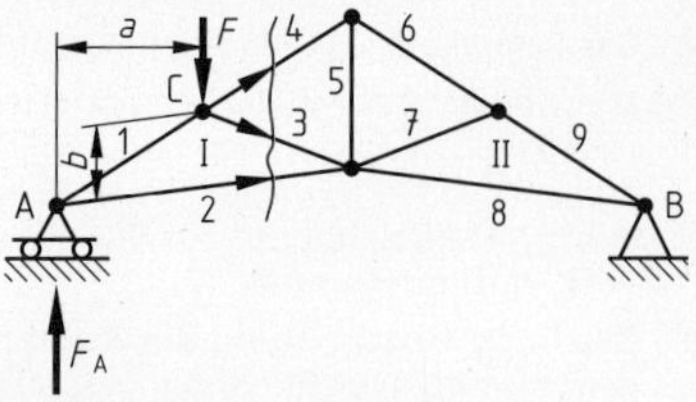


4

Durch die **Wahl von Drehpunkten in Knoten** wird erreicht, daß Kräfte, deren WL durch diese Drehpunkte gehen, keine Momente erzeugen.

Beispiel: $-F_A \cdot a + F_2 \cdot b = 0 \longrightarrow \boldsymbol{F_2 = F_A \cdot \frac{a}{b}} \longrightarrow$ Hebelarme aus LP abgreifen oder berechnen.

Wird das Ergebnis negativ, dann war die Annahme einer Zugkraft falsch, d. h. Druckstab.

# Reibung

# 25 → 26 ··· 32 38 42 43 Die Reibungskräfte

## 25.1 Innere und äußere Reibung

innere Reibung → **Fluidreibung → Mechanik der Flüssigkeiten und Gase**.

äußere Reibung → Reibung zwischen den Außenflächen von Festkörpern. Nur die äußere Reibung ist Gegenstand dieser Formel- und Tabellensammlung.

## 25.2 Haft- und Gleitreibungskraft (Reibungsgesetz nach Coulomb)

Haftreibungskraft ⟶ $F_{R0}$ ⟶ Reibungskraft im Ruhezustand

Gleitreibungskraft ⟶ $F_R$ ⟶ Reibungskraft im Bewegungszustand

$F_{R0} = \mu_0 \cdot F_N$ **Haftreibungskraft** in N

$F_R = \mu \cdot F_N$ **Gleitreibungskraft** in N

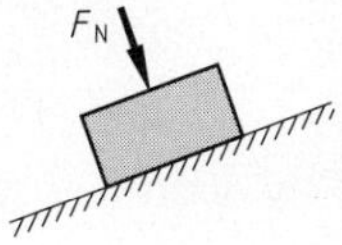


1

Die Normalkraft $F_N$ ist die Kraft, mit der die beiden festen Körper gegeneinander gepreßt werden.

| | | |
|---|---|---|
| $F_{R0}$ | Haftreibungskraft | N |
| $\mu_0$ | Haftreibungszahl (-koeffizient) | 1 |
| $F_R$ | Gleitreibungskraft | N |
| $\mu$ | Gleitreibungszahl (-koeffizient) | 1 |
| $F_N$ | Normalkraft | N |

Reibungszahlen ⟶ 25.3

## 25.3 Reibungszahlen ⟶ 26

Durchschnittswerte bei Raumtemperatur (20 °C):

Weitere Werte in maschinentechnischen Handbüchern, z. B. Dubbel, Hütte.

| Werkstoffpaarung | | Haftreibungszahl $\mu_0$ | | Gleitreibungszahl $\mu$ | |
|---|---|---|---|---|---|
| | | trocken | geschmiert | trocken | geschmiert |
| Bronze | Bronze | 0,28 | 0,11 | 0,2 | 0,06 |
| Bronze | Grauguß | 0,28 | 0,16 | 0,21 | 0,08 |
| Grauguß | Grauguß | – | 0,16 | – | 0,12 |
| Stahl | Bronze | 0,27 | 0,11 | 0,18 | 0,07 |
| Stahl | Eis | 0,027 | – | 0,014 | – |
| Stahl | Grauguß | 0,20 | 0,10 | 0,16 | 0,05 |
| Stahl | Stahl | 0,15 | 0,10 | 0,10 | 0,05 |
| Stahl | Weißmetall | – | – | 0,20 | 0,04 |
| Holz | Eis | – | – | 0,035 | – |
| Holz | Holz | 0,65 | 0,16 | 0,35 | 0,05 |
| Leder | Grauguß | 0,55 | 0,22 | 0,28 | 0,12 |
| Bremsbelag | Stahl | – | – | 0,55 | 0,40 |
| Stahl | Polyamid | – | – | 0,35 | 0,10 |

# 26 Reibung auf der schiefen Ebene

⟶ 38 42 43

## 26.1 Bestimmung der Reibungszahlen

$\mu_0 = \tan \varrho_0$ **Haftreibungszahl** ⟶ Körper beginnt sich bei $\varrho_0$ zu bewegen.

$\mu = \tan \varrho$ **Gleitreibungszahl** ⟶ Körper gleitet bei $\varrho$ mit konstanter Geschwindigkeit

$\varrho_0 > \varrho$ ⟶ $\mu_0 > \mu$

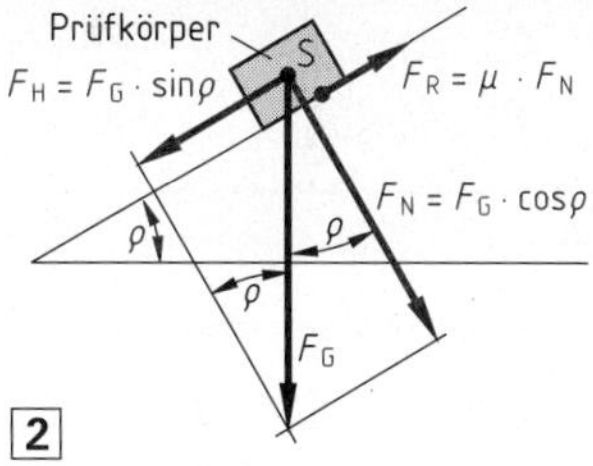


2

| | | |
|---|---|---|
| $F_H$ | Hangabtriebskraft ⟶ 38 | N |
| $F_G$ | Gewichtskraft ⟶ 37 | N |

## 26.2 Selbsthemmung, Reibungskegel

| | |
|---|---|
| $\alpha$ | Neigungswinkel |
| $\varrho_0$ | Haftreibungswinkel |
| $\varrho$ | Gleitreibungswinkel |

$\tan\alpha \leqq \tan\varrho_0 = \mu_0$ ⟶ **Selbsthemmung**

$\tan\alpha \leqq \tan\varrho = \mu$ ⟶ **erweiterte Bedingung für Selbsthemmung**

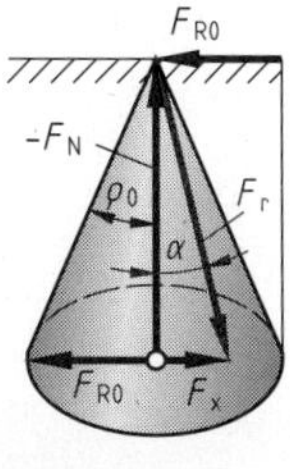


3

Mit Sicherheit wird Gleiten nur dann ausgeschlossen, wenn der Neigungswinkel $\alpha$ kleiner als der Gleitreibungswinkel $\varrho$ ist.

Geht die Resultierende $F_r$ aller am Körper angreifenden Kräfte durch den **Reibungskegel** (Bild 3), dann befindet sich der Körper bezüglich seiner Unterlage im Gleichgewicht (Ruhezustand).

## 26.3 Wirkkräfte auf der schiefen Ebene → 29 38 43

### 26.3.1 Kraft parallel zur schiefen Ebene und Aufwärtsbewegung

$F = F_G \cdot (\sin\alpha + \mu \cdot \cos\alpha)$

$F = F_G \cdot \frac{\sin(\alpha + \varrho)}{\cos\varrho}$

} **Zugkraft** zur Überwindung der Gleitreibung in N

$F = F_G \cdot (\sin\alpha + \mu_0 \cdot \cos\alpha)$

$F = F_G \cdot \frac{\sin(\alpha + \varrho_0)}{\cos\varrho_0}$

} **Zugkraft** zur Überwindung der Haftreibung in N

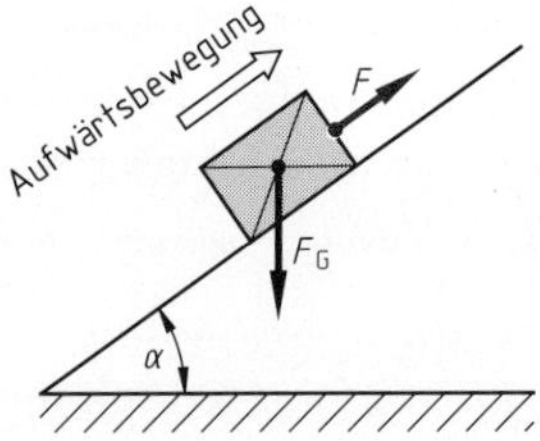


1

$F_G$ Gewichtskraft N

### 26.3.2 Kraft parallel zur schiefen Ebene und Abwärtsbewegung

$F = F_G \cdot (\sin\alpha - \mu \cdot \cos\alpha)$

$F = F_G \cdot \frac{\sin(\alpha - \varrho)}{\cos\varrho}$

} **Haltekraft** bei Aufwärtsbewegung (Gleitung) in N

$F = F_G \cdot (\sin\alpha - \mu_0 \cdot \cos\alpha)$

$F = F_G \cdot \frac{\sin(\alpha - \varrho_0)}{\cos\varrho_0}$

} **Haltekraft** bei Haftung in N

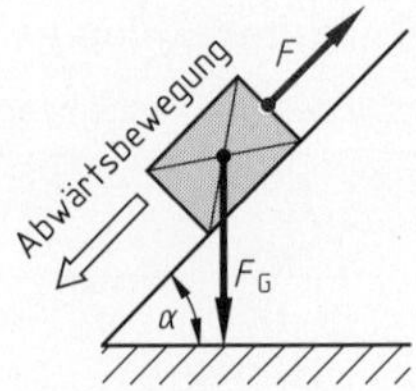


2

### 26.3.3 Kraft parallel zur Grundfläche der schiefen Ebene und Aufwärtsbewegung → 29 43

$F = F_G \cdot \tan(\alpha + \varrho)$ → Überwindung der Gleitreibung

$F = F_G \cdot \tan(\alpha + \varrho_0)$ → Überwindung der Haftreibung

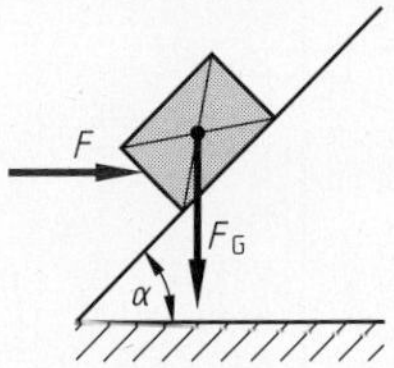


3

### 26.3.4 Kraft parallel zur Grundfläche der schiefen Ebene und Abwärtsbewegung → 29 43

$F = F_G \cdot \tan(\alpha - \varrho)$ → **Haltekraft** bei Abwärtsbewegung (Gleitung) in N

$F = F_G \cdot \tan(\alpha - \varrho_0)$ → **Haltekraft** bei Haftung in N

### 26.3.5 Kraft weder parallel zur schiefen Ebene noch parallel zur Grundfläche

**Verschieben nach oben** (Bilder 4 und 5)

$F = F_G \cdot \frac{\sin\alpha + \mu_0 \cdot \cos\alpha}{\cos\beta + \mu_0 \cdot \sin\beta}$ → **Anschiebekraft** in N

Bei Gleitung ist der Gleitreibungskoeffizient $\mu$ einzusetzen.

**Verschieben nach unten** (Bild 6)

$F_y$ vergrößert die Normalkraft

$F_x$ ist Kraftkomponente in Richtung der schiefen Ebene

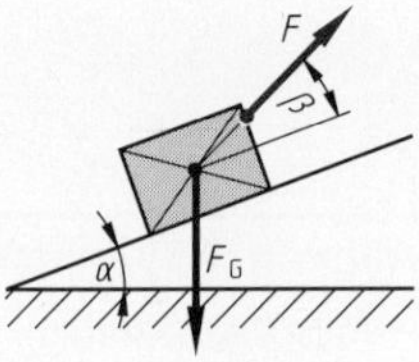


4

5

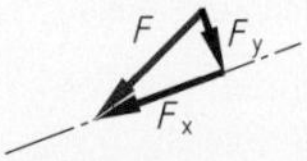


6

**Grundsatz:** Alle Kraftkomponenten in Richtung der schiefen Ebene und senkrecht dazu sind zu berücksichtigen, auch die Komponenten der Kraft $F$!

# 27 Reibung an Geradführungen

→ 38 42 43

## 27.1 Flachführungen

$F_{R0} = \mu_0 \cdot F_N$ **Haftreibungskraft** in N

$F_R = \mu \cdot F_N$ **Gleitreibungskraft** in N

→ 25

## 27.2 Prismenführungen → 42 43

### 27.2.1 Unsymmetrische Prismenführung (Bilder 1 und 2)

$F_R = \mu \cdot (F_{N1} + F_{N2})$ **Gesamtreibungskraft** bei Gleitung in N

$F_{N1} = F \cdot \dfrac{\sin\beta}{\sin\gamma}$

$F_{N2} = F \cdot \dfrac{\sin\alpha}{\sin\gamma}$

$\gamma = 180° - \alpha - \beta$

$F$ = Einpreßkraft in N

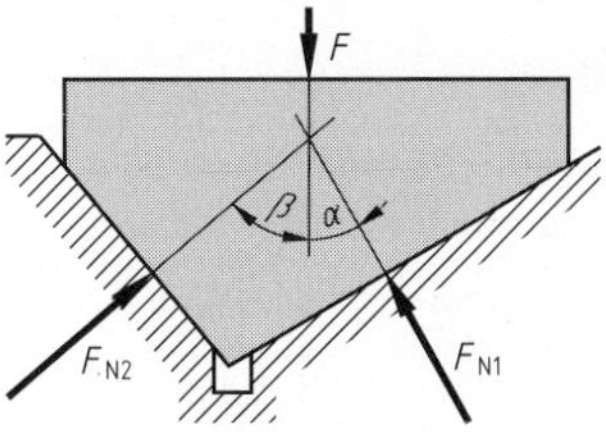


1

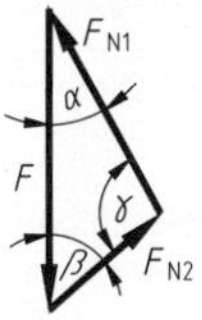


2

### 27.2.2 Symmetrische Prismenführung (Bilder 3 und 4)

$F_R = F \cdot \dfrac{\mu}{\sin\alpha}$ **Gesamtreibungskraft** bei Gleitung in N

$\alpha$ = halber Prismenwinkel
$F$ = Einpreßkraft in N

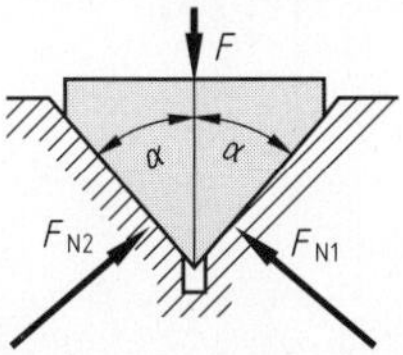


3

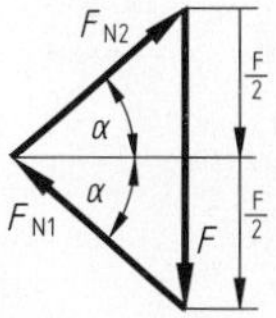


4

### 27.2.3 Säulenführungen (Bild 5) → 42 43

$l \leqq 2 \cdot \mu_0 \cdot r$ **Klemmbedingung**

Eine **Säulenführung** (z. B. **Zylinderführung**) klemmt unter der Bedingung $l \leqq 2 \cdot \mu_0 \cdot r$. Die **Länge** $l$ der Führung hängt demnach nur von der **Ausladung** $r$ und von der **Haftreibungszahl** $\mu_0$, nicht aber vom **Führungsdurchmesser** $d$ und der **Belastungskraft** $F$ ab.

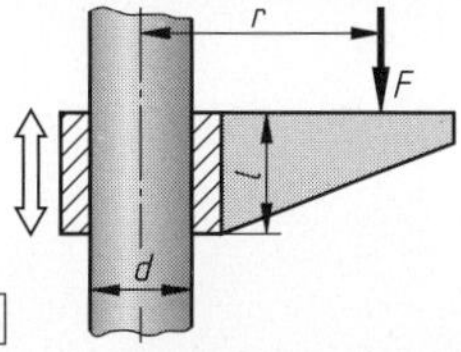


5

# 28 Reibung in Gleitlagern

→ 42

## 28.1 Tragzapfen (Querlager)

$F_{Rr} = \mu \cdot F_{Nr}$ **Lagerreibungskraft** in N

$M_{dRr} = F_{Rr} \cdot r = \mu \cdot F_{Nr} \cdot r$ **Reibungsmoment** in Nm

$M_{dRr_0} = \mu_0 \cdot F_{Nr} \cdot r$ **Anlauf-Reibungsmoment** in Nm

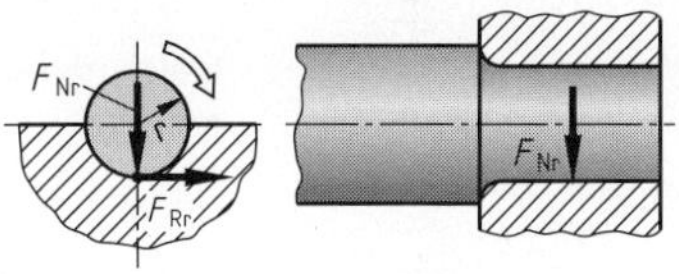


6

## 28.2 Spurzapfen (Längslager)

$F_{Ra} = \mu \cdot F_{Na}$ **Lagerreibungskraft** in N

$M_{dRa} = F_{Ra} \cdot r_m = \mu \cdot F_{Na} \cdot \dfrac{r_a + r_i}{2}$ **Reibungsmoment** in Nm → $r_m = \dfrac{r_a + r_i}{2}$

$M_{dRa_0} = \mu_0 \cdot F_{Na} \cdot \dfrac{r_a + r_i}{2}$ **Anlauf-Reibungsmoment** in Nm

| Reibungszahlen in Gleitlagern | |
|---|---|
| Trockenreibung | $\mu \geqq 0{,}3$ |
| Mischreibung | $\mu = 0{,}005 \cdots 0{,}1$ |
| Flüssigkeitsreibung | $\mu = 0{,}001 \cdots 0{,}005$ |

Bei Kombilagern (Längs- **und** Querlager) addieren sich die Reibungsmomente aller Lagerteile.

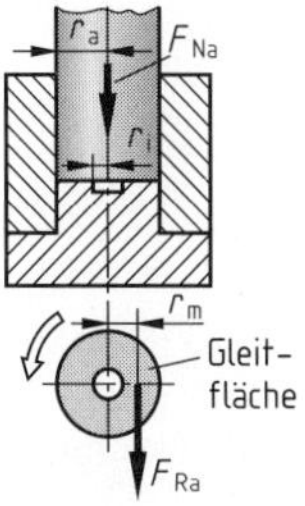


7

# 29 Gewindereibung

→ 43

## 29.1 Gewindearten

Man unterscheidet **Innengewinde** und **Außengewinde** sowie **Linksgewinde** und **Rechtsgewinde**. Bei der Schraubenberechnung wird insbesondere unterschieden zwischen

Bewegungsgewinde → **Bewegungsschrauben** mit Spitzgewinde, meist Trapezgewinde (z. B. Transportspindeln, Meßspindeln).

Befestigungsgewinde → **Befestigungsschrauben** meist mit Spitzgewinde.

## 29.2 Gewindeabmessungen und Kräfte am Gewinde

### Metrisches ISO-Spitzgewinde DIN 13

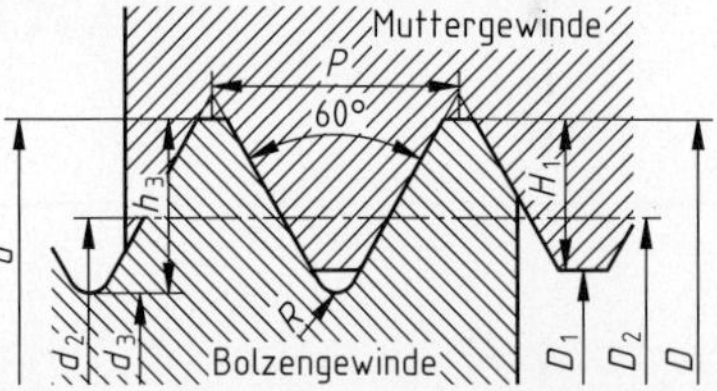


1

### Metrisches ISO-Trapezgewinde DIN 103

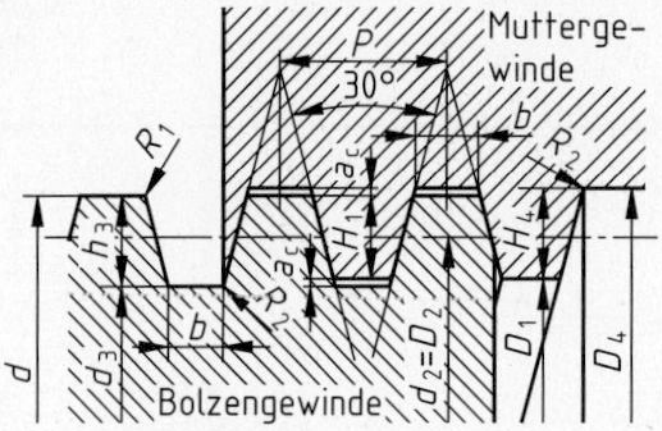


2

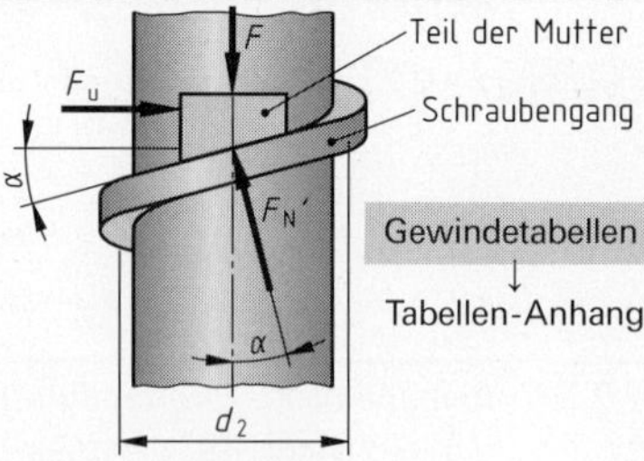


3

Gewindetabellen ↓ Tabellen-Anhang

| | | |
|---|---|---|
| $F$ | axiale Schraubenkraft | N |
| $F_u$ | Umfangskraft am $\phi\ d_2$ | N |
| $d, D$ | Nenndurchmesser | mm |
| $P$ | Steigung bei eingängigen bzw. Teilung bei mehrgängigen Gewinden | mm |
| $d_2$ | Flankendurchmesser | mm |
| $d_3$ | Kerndurchmesser Bolzen | mm |
| $D_1$ | Kerndurchmesser Mutter | mm |
| $D_4$ | Außendurchmesser Mutter | mm |
| $h_3$ | Gewindetiefe Bolzen und Mutter | mm |
| $H_1$ | Flankenüberdeckung | mm |
| $a_c$ | Spitzenspiel | mm |
| $R_1, R_2$ | Rundungen | mm |
| $F_N$ | Normalkomponente | N |

## 29.3 Bewegungsgewinde → 43 53

$F_u = F \cdot \tan(\alpha \pm \varrho')$ **Umfangskraft** in N

$M_{RG} = F \cdot \frac{d_2}{2} \cdot \tan(\alpha \pm \varrho')$ **Gewindereibungsmoment** in Nm

+ beim Heben bzw. beim Anziehen
– beim Senken bzw. beim Lösen

$F_R = \mu' \cdot F = \mu \cdot F_N'$ **Reibungskraft** in N

Formelzeichen → 29.2

$\mu' = \frac{\mu}{\cos \beta/2} = \tan \varrho'$ **Gewindereibungszahl**

| | | |
|---|---|---|
| $\beta$ | Flankenwinkel (DIN 13: 60°; DIN 103: 30°) | |
| $\mu$ | Gleitreibungszahl | 1 |
| $\alpha$ | Steigungswinkel | Grad |

$F_N' = \frac{F}{\cos \beta/2}$ **Normalkomponente** in N

$\tan \alpha = \frac{P}{d_2 \cdot \pi}$ **Tangens des Steigungswinkels**

## 29.4 Befestigungsgewinde → 53 54

$F_u, M_{RG}$ → 29.3

$M_{Ra} = F \cdot \mu \cdot r_a$ **Auflagereibungsmoment** in Nm (z. B. Mutterauflage)

$r_a$ ist ein fiktiver Radius, z. B. bei Maschinenschrauben: $r_a = 0{,}7 \cdot d$

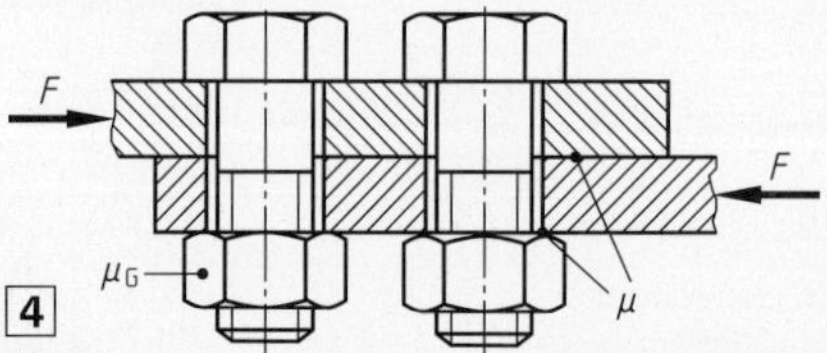


4

$M_{Rges} = M_{RG} + M_{Ra}$ **Anzugs- bzw. Lösemoment** in Nm

## 30 Seilreibung

→ 42 44

$F_1 = F_2 \cdot e^{\mu\alpha}$ **übertragbare Seilkraft** in N (Eytelweinsche Gleichung)

$F_R = F_2 \cdot (e^{\mu\alpha} - 1) = F_1 \cdot \frac{e^{\mu\alpha} - 1}{e^{\mu\alpha}}$ **Seilreibungskraft** in N

$e$ = Eulersche Zahl = 2,718 …

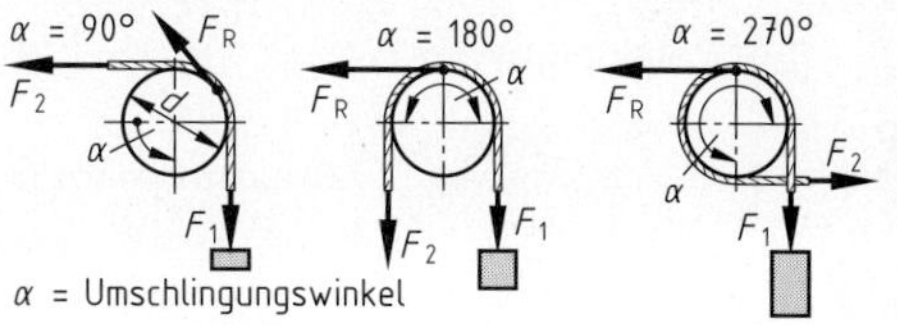


1   α in rad

## 31 Reibungsbremsen und Reibungskupplungen

→ 2 13 25 26 30 44 45

### 31.1 Backenbremsen → 25 26

| überhöhtes Hebellager D | unterzogenes Hebellager D | tangentiales Hebellager D |
|---|---|---|
| 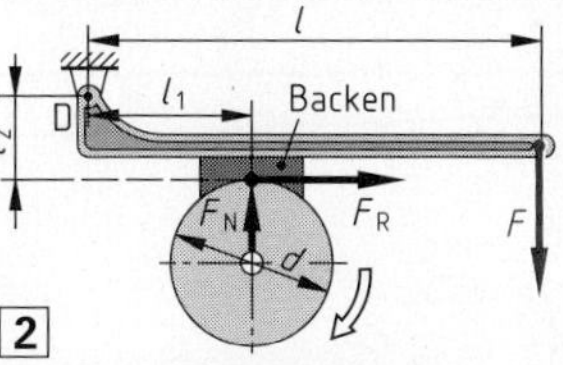 2 | 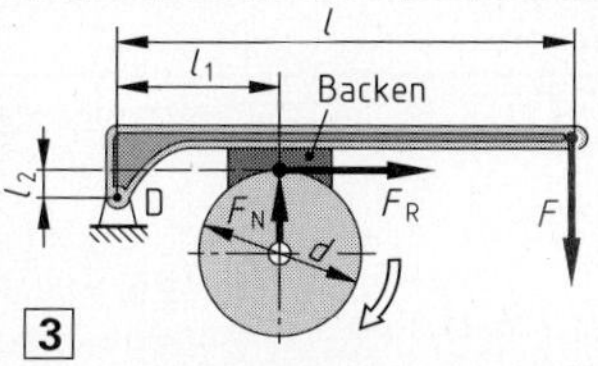 3 | 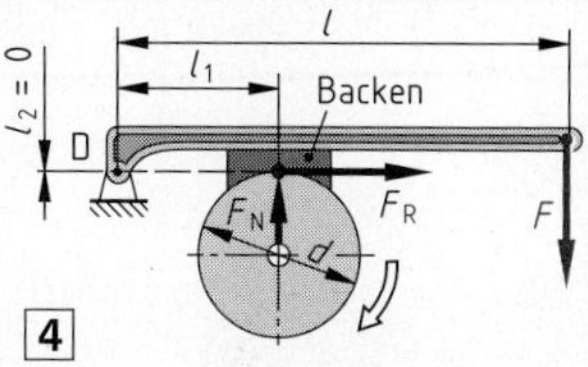 4 |
| $F_R$ bei Rechtslauf am Backen<br>$\Sigma M_{d(D)} = 0$ liefert mit $F_R = \mu \cdot F_N$:<br>$F_N \cdot l_1 + \mu \cdot F_N \cdot l_2 - F \cdot l = 0$ | $F_R$ bei Rechtslauf am Backen<br>$\Sigma M_{d(D)} = 0$ liefert mit $F_R = \mu \cdot F_N$:<br>$F_N \cdot l_1 - \mu \cdot F_N \cdot l_2 - F \cdot l = 0$ | $F_R$ bei Rechtslauf am Backen<br>$\Sigma M_{d(D)} = 0$ liefert mit $F_R = \mu \cdot F_N$:<br>$F_N \cdot l_1 - F \cdot l = 0$ |
| **Hebelkraft** $F = F_N \cdot \frac{l_1 \pm \mu \cdot l_2}{l}$ | **Hebelkraft** $F = F_N \cdot \frac{l_1 \mp \mu \cdot l_2}{l}$ | **Hebelkraft** $F = F_N \cdot \frac{l_1}{l}$ |
| + bei Rechtslauf<br>− bei Linkslauf | − bei Rechtslauf<br>+ bei Linkslauf | unabhängig von Rechts- oder Linkslauf, d. h.: |
| **Selbsthemmung** tritt **bei Linkslauf** ein mit $l_1 - \mu \cdot l_2 = 0$:<br>**Selbsthemmungskriterium:**<br>$l_1 \leqq \mu \cdot l_2$ | **Selbsthemmung** tritt **bei Rechtslauf** ein mit $l_1 - \mu \cdot l_2 = 0$:<br>**Selbsthemmungskriterium:**<br>$l_1 \leqq \mu \cdot l_2$ | **keine Selbsthemmung**. |

$M_{Br} = F_R \cdot \frac{d}{2} = \mu \cdot F_N \cdot \frac{d}{2}$ **Bremsmoment der Außenbackenbremse** in Nm

### 31.2 Bandbremsen → 2 30 44 45

| einfache Bandbremse | Summenbandbremse | Differentialbandbremse |
|---|---|---|
| 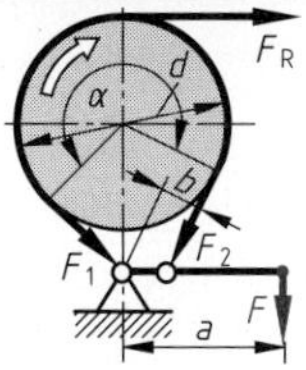 5 | 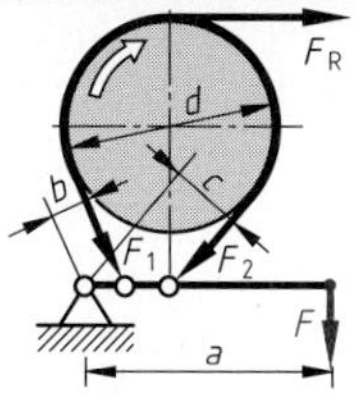 6 | 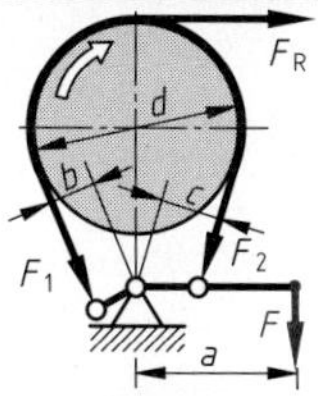 7 |
| **Reibungskraft:**<br>$F_R = F \cdot \frac{a}{b} \cdot (e^{\mu\alpha} - 1)$ in N | **Reibungskraft:**<br>$F_R = F \cdot a \cdot \frac{e^{\mu\alpha} - 1}{e^{\mu\alpha} \cdot b + c}$ in N | **Reibungskraft:**<br>$F_R = F \cdot a \cdot \frac{1 - e^{\mu\alpha}}{c - e^{\mu\alpha} \cdot b}$ in N |
| **Bremsmoment:**<br>$M_{Br} = F_R \cdot \frac{d}{2} = F \cdot \frac{a}{b} \cdot (e^{\mu\alpha} - 1) \cdot \frac{d}{2}$ | **Bremsmoment:**<br>$M_{Br} = F_R \cdot \frac{d}{2} = F \cdot a \cdot \frac{e^{\mu\alpha} - 1}{e^{\mu\alpha} \cdot b + c} \cdot \frac{d}{2}$ | **Bremsmoment:**<br>$M_{Br} = F_R \cdot \frac{d}{2} = F \cdot a \cdot \frac{1 - e^{\mu\alpha}}{c - e^{\mu\alpha} \cdot b} \cdot \frac{d}{2}$ |

## 31.3 Scheibenbremsen → 2 13 25 26 44 45

$F_R = \mu \cdot F_N$ **Reibungskraft** in N

$M_{Br} = F_R \cdot r_m = \mu \cdot F_N \cdot \dfrac{d_1 + d_2}{2}$ **Bremsmoment** in Nm

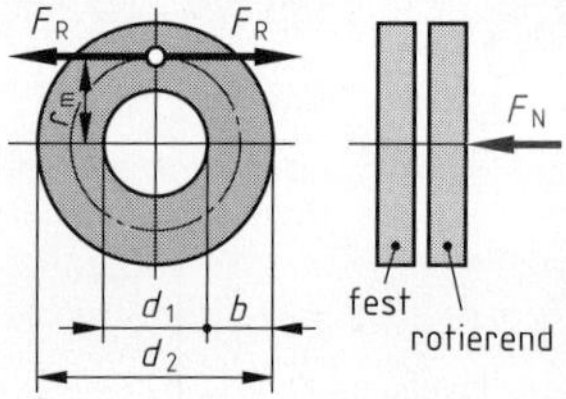


1

## 31.4 Reibungskupplungen → 2 13 25 26 44 45

Die Berechnung erfolgt wie bei den Scheibenbremsen → 31.3. Somit:

$F_R = \mu \cdot F_N$ **Reibungskraft** in N

$M_{dK} = F_R \cdot r_m = \mu \cdot z \cdot F_N \cdot \dfrac{d_1 + d_2}{2}$ **Kupplungsmoment** in Nm

$z$ Anzahl der Lamellen 1

# 32 Rollreibung

→ 25 42 43

## 32.1 Rollwiderstand

$F_{RR} = \dfrac{f}{r} \cdot F_N = \mu_R \cdot F_N$ **Rollreibungskraft** in N

$F = F_{RR}$ **Rollkraft** in N

$\mu_R = \dfrac{f}{r}$ **Reibungszahl der Rollreibung** ($f$ siehe folgende Tabelle)

$f$ Hebelarm der Rollreibung (siehe Tabelle) cm
$r$ Radius des Rollkörpers cm
$F_N$ Normalkraft N

| Werkstoff Rollkörper | Werkstoff Rollbahn | **Hebelarm *f*** der Rollreibung in cm |
|---|---|---|
| GG | St | 0,05 |
| St | St | 0,05 |
| GG | GG | 0,05 |
| Holz | Holz | 0,5 |
| St gehärtet | St gehärtet | 0,0005 ··· 0,001 |

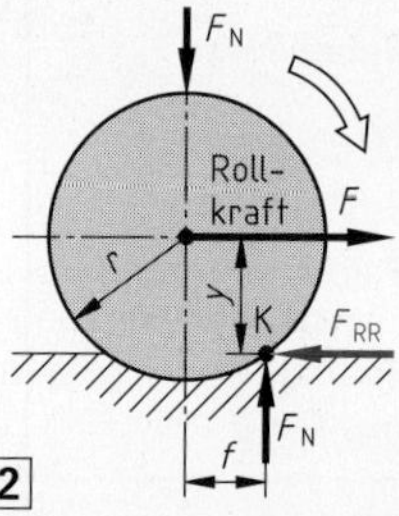


2

## 32.2 Fahrwiderstand

Unter dem Fahrwiderstand versteht man den Gesamtwiderstand aus Rollreibungskraft = Rollkraft **und** Lagerreibungskraft.

$F_F = F_{RR} + F_{RL}$
$F_F = \mu_F \cdot F_N$
} **Fahrwiderstandskraft** in N

$\mu_F$ Fahrwiderstandszahl 1
Schienenfahrzeuge $\mu_F \approx 0{,}0015 \cdots 0{,}0030$
Kfz auf Straße $\mu_F \approx 0{,}015 \cdots 0{,}03$

## 32.3 Rollbedingung

$\mu_0 \geqq \mu_F$

$\mu_0$ Haftreibungszahl 1
$\mu_F$ Fahrwiderstandszahl 1

**Notizen:**

## 33 Gleichförmige geradlinige Bewegung

→ 26 27 38 40 42 43 50

Bei einer gleichförmigen geradlinigen Bewegung bewegt sich ein Körper mit konstanter Geschwindigkeit $v$ auf geradliniger Bahn.

$v = \frac{\Delta s}{\Delta t}$ **Geschwindigkeit** in $\frac{m}{s}, \frac{km}{h}, \ldots$

$v = \frac{s}{t}$ $s = v \cdot t$ $t = \frac{s}{v}$

Im $v, t$-Diagramm (Bild 2) stellt sich der Weg $s$ als Rechteckfläche dar.

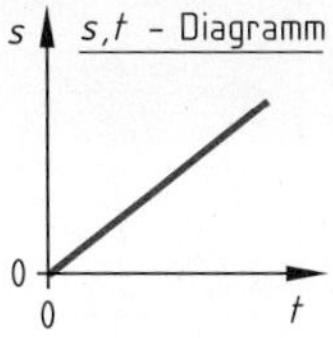


1

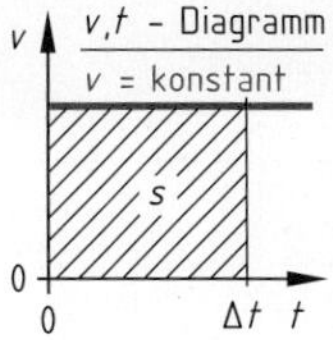


2

| | | |
|---|---|---|
| $v$ | Geschwindigkeit | m/s |
| $s$ | zurückgelegter Weg (Strecke) | m |
| $\Delta t$ | Zeitspanne | s |

## 34 Ungleichförmige geradlinige Bewegung

→ 26 36 40 50

### 34.1 Merkmale einer ungleichförmigen Bewegung

Bei einer ungleichförmigen Bewegung ändert sich die Geschwindigkeit, der Körper wird beschleunigt oder verzögert.

| | | |
|---|---|---|
| $a$ | Beschleunigung (Verzögerung) | m/s² |
| $\Delta v$ | Geschwindigkeitsänderung | m/s |
| $\Delta t$ | Zeitspanne | s |

$a = \frac{\Delta v}{\Delta t}$ **Beschleunigung**

$+a$: **Beschleunigung** ⟶ Geschwindigkeitszunahme
$-a$: **Verzögerung** ⟶ Geschwindigkeitsabnahme

### 34.2 Gleichmäßig und ungleichmäßig beschleunigte (verzögerte) Bewegungen

$a$ = konstant ⟶ gleichmäßig beschleunigt bzw. verzögert (Bild 3)

$a$ = variabel ⟶ ungleichmäßig beschleunigt bzw. verzögert (Bild 4)

Beschleunigung aus dem Ruhezustand ⟶ 34.3
Beschleunigung bei vorhandener Anfangsgeschwindigkeit ⟶ 34.3 und 34.4.

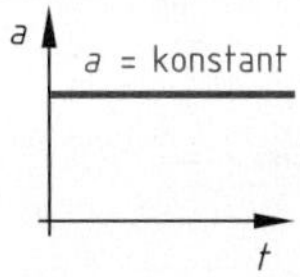


3

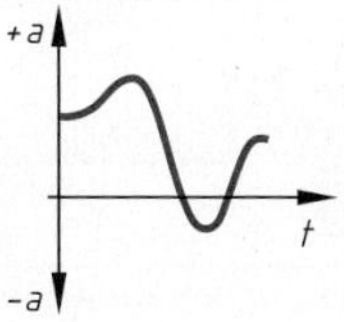


4

### 34.3 Gleichmäßig beschleunigte geradlinige Bewegung mit $v_0 = 0$ und $v_0 > 0$

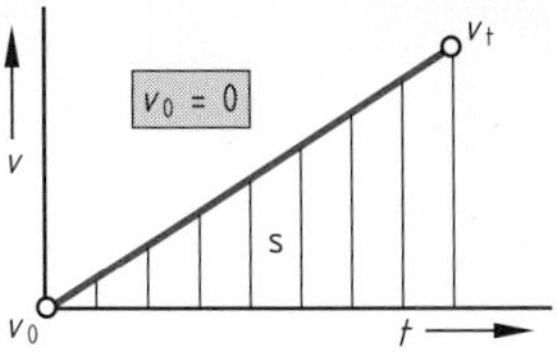


5

**$v$, $t$-Diagramme**
$a$ = konst. und positiv

$t = \Delta t$

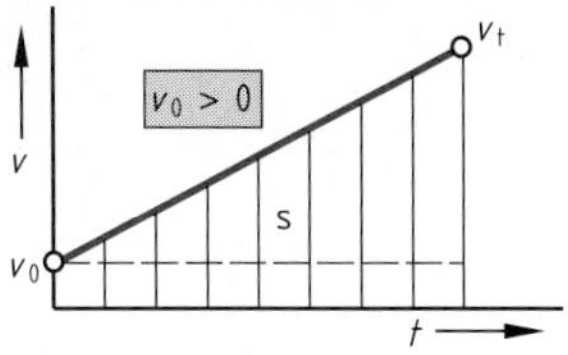


6

$v_0$ = **Anfangsgeschwindigkeit**; $v_t$ = **Endgeschwindigkeit**; $a, s, t, v$ ⟶ 34.1 und 34.2

| **Anfangsgeschwindigkeit** | $v_0 = 0$ | $v_0 > 0$ | m/s |
|---|---|---|---|
| Beschleunigung $a$ | $a = \frac{v_t}{t}$ | $a = \frac{v_t - v_0}{t}$ | m/s² |
| | $a = \frac{2 \cdot s}{t^2}$ | $a = \frac{2 \cdot s}{t^2} - \frac{2 \cdot v_0}{t}$ | m/s² |
| | $a = \frac{v_t^2}{2 \cdot s}$ | $a = \frac{v_t^2 - v_0^2}{2 \cdot s}$ | m/s² |

| **Anfangsgeschwindigkeit** | $v_0 = 0$ | $v_0 > 0$ | m/s |
|---|---|---|---|
| Endgeschwindigkeit $v_t$ | $v_t = a \cdot t$ | $v_t = v_0 + a \cdot t$ | m/s |
| | $v_t = \sqrt{2 \cdot a \cdot s}$ | $v_t = \sqrt{2 \cdot a \cdot s + v_0^2}$ | m/s |
| | $v_t = \frac{2 \cdot s}{t}$ | $v_t = \frac{2 \cdot s}{t} - v_0$ | m/s |
| Weg $s$ | $s = \frac{v_t}{2} \cdot t$ | $s = \frac{v_0 + v_t}{2} \cdot t$ | m |
| | $s = \frac{v_t^2}{2 \cdot a}$ | $s = \frac{v_t^2 - v_0^2}{2 \cdot a}$ | m |
| | $s = \frac{a}{2} \cdot t^2$ | $s = v_0 \cdot t + \frac{a}{2} \cdot t^2$ | m |
| Zeit $t$ (Zeitspanne $\Delta t$) | $t = \frac{v_t}{a}$ | $t = \frac{v_t - v_0}{a}$ | s |
| | $t = \frac{2 \cdot s}{v_t}$ | $t = \frac{2 \cdot s}{v_0 + v_t}$ | s |
| | $t = \sqrt{\frac{2 \cdot s}{a}}$ | $t = \frac{\sqrt{2 \cdot a \cdot s + v_0^2} - v_0}{a}$ | s |

## 34.4 Gleichmäßig verzögerte geradlinige Bewegung mit $v_t = 0$ und $v_t > 0$

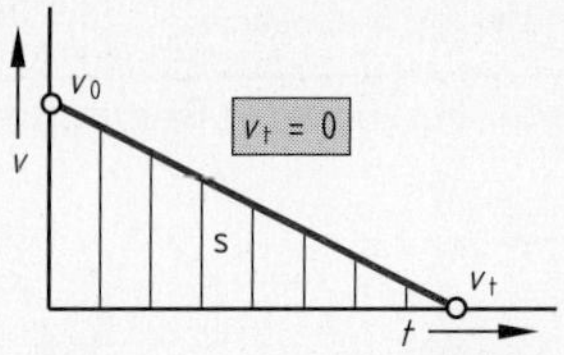


1

**$v$, $t$-Diagramme**
$a$ = konst. und negativ

$t = \Delta t$

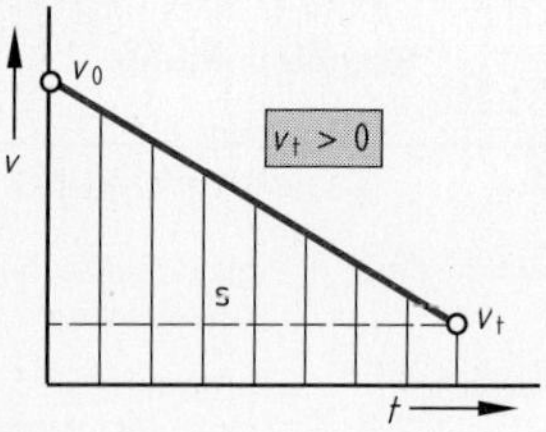


2

| **Endgeschwindigkeit** | $v_t = 0$ | $v_t > 0$ | m/s |
|---|---|---|---|
| Verzögerung $a$ | $a = \frac{v_0}{t}$ | $a = \frac{v_0 - v_t}{t}$ | m/s² |
| | $a = \frac{2 \cdot s}{t^2}$ | $a = \frac{2 \cdot v_0}{t} - \frac{2 \cdot s}{t^2}$ | m/s² |
| | $a = \frac{v_0^2}{2 \cdot s}$ | $a = \frac{v_0^2 - v_t^2}{2 \cdot s}$ | m/s² |
| Anfangsgeschwindigkeit $v_0$ | $v_0 = a \cdot t$ | $v_0 = v_t + a \cdot t$ | m/s |
| | $v_0 = \sqrt{2 \cdot a \cdot s}$ | $v_0 = \sqrt{v_t^2 + 2 \cdot a \cdot s}$ | m/s |
| | $v_0 = \frac{2 \cdot s}{t}$ | $v_0 = \frac{2 \cdot s}{t} - v_t$ | m/s |
| Weg $s$ | $s = \frac{v_0}{2} \cdot t$ | $s = \frac{v_0 + v_t}{2} \cdot t$ | m |
| | $s = \frac{v_0^2}{2 \cdot a}$ | $s = \frac{v_0^2 - v_t^2}{2 \cdot a}$ | m |
| | $s = \frac{a}{2} \cdot t^2$ | $s = v_0 \cdot t - \frac{a}{2} \cdot t^2$ | m |

| Endgeschwindigkeit | $v_t = 0$ | $v_t > 0$ | m/s |
|---|---|---|---|
| Zeit $t$ (Zeitspanne $\Delta t$) | $t = \frac{v_0}{a}$ | $t = \frac{v_0 - v_t}{a}$ | s |
| | $t = \frac{2 \cdot s}{v_0}$ | $t = \frac{2 \cdot s}{v_0 + v_t}$ | s |
| | $t = \sqrt{\frac{2 \cdot s}{a}}$ | $t = \frac{v_0 - \sqrt{v_0^2 - 2 \cdot a \cdot s}}{a}$ | s |

### 34.5 Freier Fall und senkrechter Wurf nach oben

Freier Fall ⟶ es gelten die Gleichungen 34.3

senkrechter Wurf nach oben ⟶ es gelten die Gleichungen 34.4

$a \triangleq g = 9{,}81\ m/s^2$ = Fallbeschleunigung

⟶ 37.2

$s \triangleq h$ = **Fallhöhe** bzw. **Steighöhe**

## Überlagerung verschiedener Bewegungen

## 35 Zusammensetzen von Geschwindigkeiten

⟶ 5 6 8 9 36

Die Geschwindigkeit ist eine vektorielle Größe. Die Ermittlung der **Gesamtgeschwindigkeit = resultierende Geschwindigkeit** erfolgt entsprechend der **Addition von Kräften**, d. h. durch eine vektorielle Addition.

## 36 Freie Bewegungsbahnen

⟶ 3 35 39

### 36.1 Der Grundsatz der Unabhängigkeit

Unabhängig davon, ob ein Körper mehrere Einzelbewegungen gleichzeitig oder zeitlich unabhängig voneinander ausführt, gelangt er immer an den gleichen Ort.

Die kürzeste Zeit zur Realisierung der Ortsveränderung eines Körpers ergibt sich, wenn alle Einzelbewegungen gleichzeitig ablaufen.

### 36.2 Der schiefe Wurf

$v_x = v_0 \cdot \cos\alpha$ **Geschwindigkeit in $x$-Richtung** in $\frac{m}{s}$

$v_y = v_0 \cdot \sin\alpha - g \cdot t$ **Geschwindigkeit in $y$-Richtung**

$x = v_0 \cdot \cos\alpha \cdot t$ **Weg in $x$-Richtung** in m

$y = v_0 \cdot \sin\alpha \cdot t - \frac{g}{2} \cdot t^2$ **Weg in $y$-Richtung** in m

$t_w = \frac{2 \cdot v_0 \cdot \sin\alpha}{g}$ **Wurfzeit** in s

$x_w = \frac{v_0^2 \cdot \sin 2\alpha}{g}$ **Wurfweite** in m

↓

Beim schrägen Wurf (schiefer Wurf) wird die größte Wurfweite $x_{Wmax}$ bei einem Abwurfwinkel von $\alpha = 45°$ erreicht.

Für diesen Fall ist
$\sin 2\alpha = \sin(2 \cdot 45°) = \sin 90° = 1$
(größtmöglicher Sinuswert).

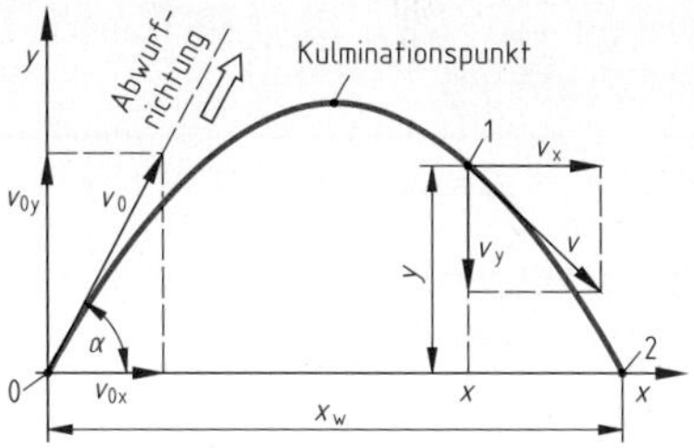


1

| | | | |
|---|---|---|---|
| $\alpha$ | Abwurfwinkel | | Grad |
| $v_0$ | Abwurfgeschwindigkeit | | m/s |
| $g$ | Fallbeschleunigung ⟶ 37.2 | | $m/s^2$ |
| $t$ | Zeit ($\Delta t$) | | s |

Der schiefe Wurf setzt sich in jedem Zeitaugenblick aus einer waagerechten Bewegung ($x$-Richtung) und einer senkrechten Bewegung ($y$-Richtung) zusammen.

DYNAMIK

### 36.3 Der waagerechte Wurf

$s_y = h = \frac{g}{2} \cdot \frac{s_x^2}{v_0^2}$ **Weg in *y*-Richtung** bzw. **Fallhöhe** in m

$s_x = v_0 \cdot t = v_0 \cdot \sqrt{\frac{2 \cdot h}{g}}$ **Weg in *x*-Richtung** bzw. **Wurfweite** in m

$v_y = \sqrt{2 \cdot g \cdot h}$ **Geschwindigkeit in *y*-Richtung** in m/s

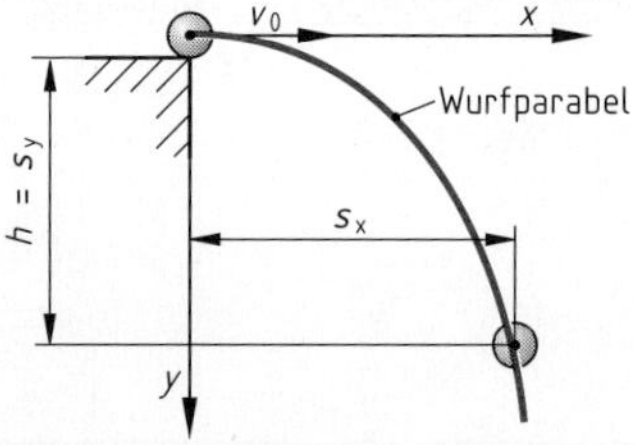


1

## Kraft und Masse

## 37 Trägheit der Körper

→ 2 38 40 47

### 37.1 Das erste Newtonsche Axiom

Auch als **Trägheitsgesetz** oder **Beharrungsgesetz** bezeichnet.

Der Zustand der Ruhe oder der gleichförmigen Bewegung wird von einem Körper solange beibehalten, wie keine Kraft auf ihn wirkt.

### 37.2 Das zweite Newtonsche Axiom → Dynamisches Grundgesetz

$F = m \cdot a$ **Massenträgheitskraft**

$[F] = [m] \cdot [a] = \text{kg} \cdot \frac{\text{m}}{\text{s}^2} = \frac{\text{kg m}}{\text{s}^2} = \boldsymbol{N}$

*N* → **Krafteinheit** → 2

| | | |
|---|---|---|
| $F$ | Massenträgheitskraft | N |
| $m$ | Masse | kg |
| $a$ | Beschleunigung | $\text{m/s}^2$ |

37.2.1 Die Gewichtskraft

$F_G = m \cdot g$ **Gewichtskraft** in N

$g$ Fallbeschleunigung $\text{m/s}^2$

$g_n = 9{,}80665\ \text{m/s}^2$ → **Normfallbeschleunigung** → für die Praxis → $\boldsymbol{g \approx 9{,}81\ \text{m/s}^2}$

## 38 Prinzip von d'Alembert

→ 37 40

### 38.1 Erweitertes dynamisches Grundgesetz

Alle auf einen Körper wirkenden Kräfte in und entgegen der Bewegungsrichtung, einschließlich der Massenträgheitskraft $m \cdot a$, haben zusammengenommen den Wert Null.

### 38.2 Bewegung auf horizontaler Bahn

Bild 2: **beschleunigte Masse** → $F_R + m \cdot a - F = 0$

$F_R$ = Reibungskraft → 25 26

$F = F_R + m \cdot a$ **Beschleunigungskraft** in N

Bild 3: **verzögerte Masse** → $F_R + F_{Br} - m \cdot a = 0$

$F_{Br} = m \cdot a - F_R$ **Bremskraft** in N

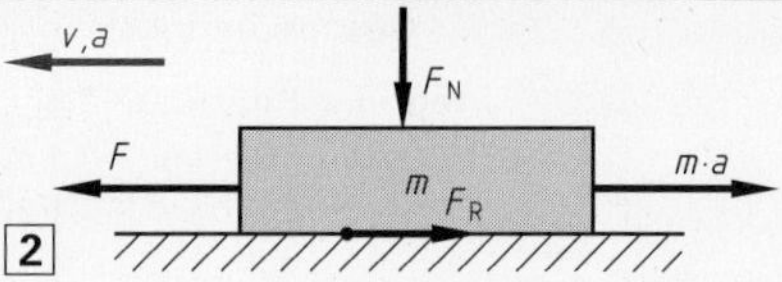


2

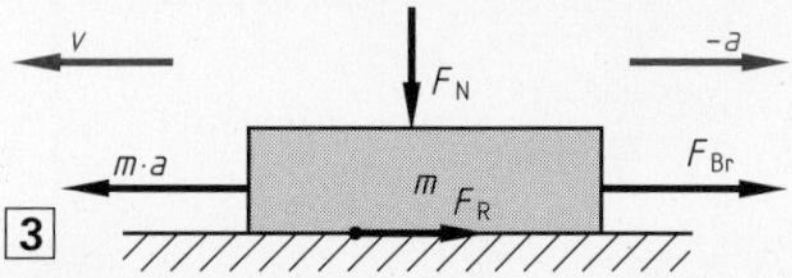


3

### 38.3 Bewegung auf vertikaler Bahn

$F = m \cdot a + F_G + F_R$ **Seilzugkraft** einer nach oben beschleunigten Masse (z. B. Aufzug) in N

unbedingt beachten:

$m \cdot a$ → wirkt entgegen Beschleunigung
$F_G$ → wirkt nach unten
$F_R$ → wirkt entgegen Bewegung

### 38.4 Bewegung auf der schiefen Ebene

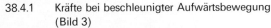

→ 26 29 40

$F_H = F_G \cdot \sin\alpha$ **Hangabtriebskraft** in N

$F_N = F_G \cdot \cos\alpha$ **Normalkraft** in N

$S = \frac{h}{b} = \tan\alpha$ **Steigung der schiefen Ebene**

$S_{\%} = \tan\alpha \cdot 100$ **Steigung in Prozent**

Bei $h = b$: $\boldsymbol{\alpha = 45°} \longrightarrow \tan\alpha = 1 \longrightarrow \boldsymbol{S = 100\,\%}$

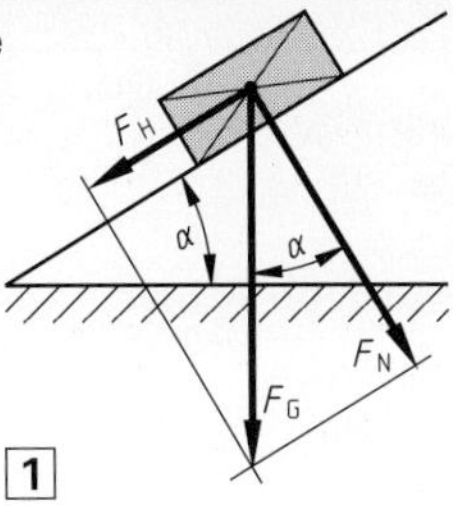


1

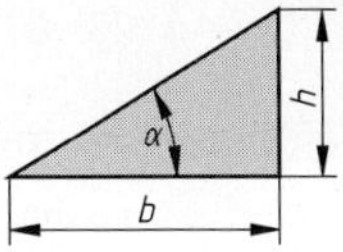


2

38.4.1 Kräfte bei beschleunigter Aufwärtsbewegung (Bild 3)

$F = F_G \cdot \sin\alpha + \mu \cdot F_G \cdot \cos\alpha + m \cdot a$ **Zugkraft** in N

38.4.2 Kräfte bei beschleunigter Abwärtsbewegung (Bild 4)

$F = \mu \cdot F_G \cdot \cos\alpha + m \cdot a - F_G \cdot \sin\alpha$ **Zugkraft** in N

$a = \frac{F}{m} + g \cdot (\sin\alpha - \mu \cdot \cos\alpha)$ **Beschleunigung** in $m/s^2$

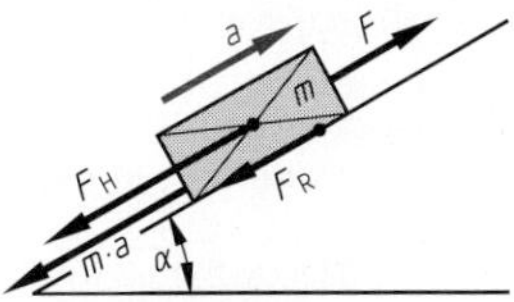


3

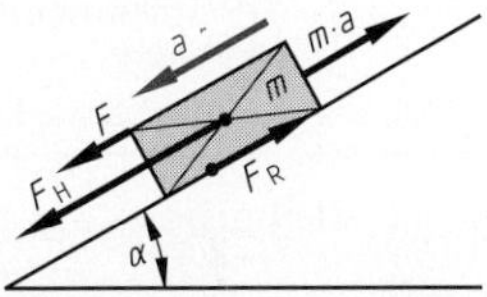


4

**Bei gleichförmiger Bewegung** ist $a = 0$ und damit ist auch $m \cdot a = 0$. Dies bedeutet, daß in den obigen Gleichungen der Summand $m \cdot a$ entfällt.

## 39 Kurzzeitig wirkende Kräfte

→ 40 47 78 79

### 39.1 Bewegungsgröße (Impuls)

$p = m \cdot v$ **Bewegungsgröße (Impuls)**

| | | |
|---|---|---|
| $p$ | Bewegungsgröße (Impuls) | kg m/s |
| $m$ | Masse des Körpers | kg |
| $v$ | Geschwindigkeit des Körpers | m/s |

### 39.2 Die Impulsänderung eines Körpers

$I = F \cdot \Delta t = m \cdot v_t - m \cdot v_0$ **Kraftstoß**

Der Kraftstoß entspricht der Änderung des Impulses eines bewegten Körpers.

| | | |
|---|---|---|
| $I$ | Kraftstoß (Impulsänderung) | kg m/s |
| $F$ | kurzzeitig wirkende Kraft | N |
| $\Delta t$ | Wirkzeit | s |
| $m$ | Masse | kg |
| $v_t$ | Endgeschwindigkeit | m/s |
| $v_0$ | Anfangsgeschwindigkeit | m/s |

### 39.3 Impulserhaltung → 47

$m \cdot v_t = m \cdot v_0 \longrightarrow \Delta p = 0$ **Impulserhaltung**

**Impulssatz:** Ist die Summe aller äußeren am Körper angreifenden Kräfte Null, dann ändert sich der Impuls eines Körpers nicht.

### 39.4 Der Stoß

39.4.1 Der unelastische Stoß (Bilder 5 und 6)

$v = \frac{m_1 \cdot v_1 + m_2 \cdot v_2}{m_1 + m_2}$ **Geschwindigkeit beider Massen nach dem Stoß** in m/s

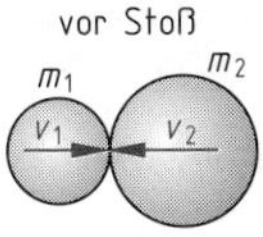


5

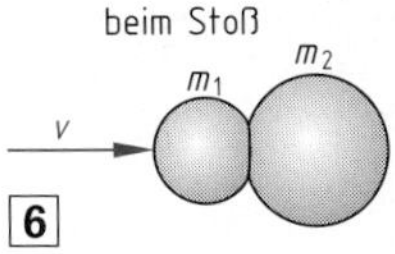


6

39.4.2 Der elastische Stoß (Bild 7)

$v_{1e} = 2 \cdot \frac{m_1 \cdot v_1 + m_2 \cdot v_2}{m_1 + m_2} - v_1$ **Endgeschwindigkeit der Masse $m_1$** in m/s

$v_{2e} = 2 \cdot \frac{m_1 \cdot v_1 + m_2 \cdot v_2}{m_1 + m_2} - v_2$ **Endgeschwindigkeit der Masse $m_2$** in m/s

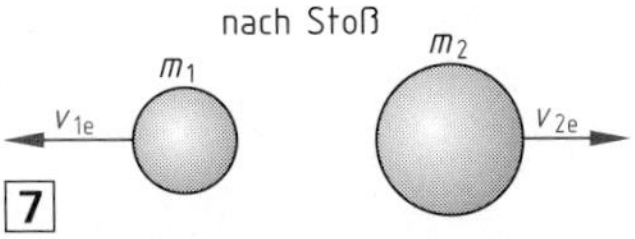


7

39.4.3 Halbelastischer (realer) Stoß und schiefer Stoß → 40 → 40.6.1

# 40 Arbeit und Energie

⟶ 26 27 29 38 47

## 40.1 Die mechanische Arbeit

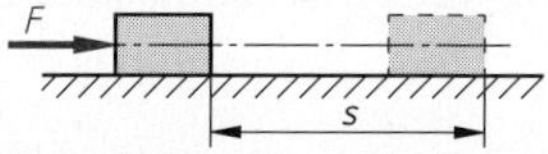


1

$W = F \cdot s$ **mechanische Arbeit**

$[W] = [F] \cdot [s] = \text{N} \cdot \text{m} = \textbf{Nm}$

| | | |
|---|---|---|
| $W$ | mechanische Arbeit | Nm |
| $F$ | Kraft | N |
| $s$ | Kraft in Wegrichtung | m |

### 40.1.1 Arbeits- und Energieeinheiten

$1\,\text{J} = 1\,\text{Nm} = 1\,\text{Ws}$ **Energieäquivalenz**

J = **Joule** ⟶ bevorzugt in Wärmelehre
Nm = **Newtonmeter** ⟶ bevorzugt in Mechanik
Ws = **Wattsekunde** ⟶ bevorzugt in Elektrotechnik

Die abgeleitete SI-Einheit für die mechanische Arbeit ist das Joule (Einheitenzeichen J). 1 J ist gleich der Arbeit, die verrichtet wird, wenn der Angriffspunkt der Kraft $F = 1$ N in Richtung der Kraft um $s = 1$ m verschoben wird.

### 40.1.2 Die Arbeitskomponente der Kraft (Bild 2)

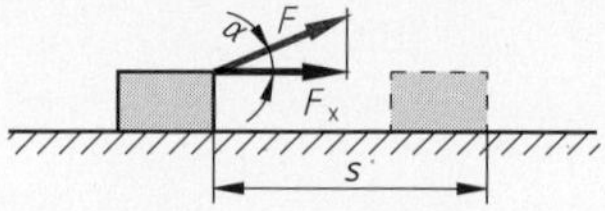


2

$F_x = F \cdot \cos\alpha$ **Arbeitskomponente** (Kraftkomponente in Wegrichtung)

$W = F \cdot \cos\alpha \cdot s$ **mechanische Arbeit** in Nm

## 40.2 Hubarbeit und potentielle Energie

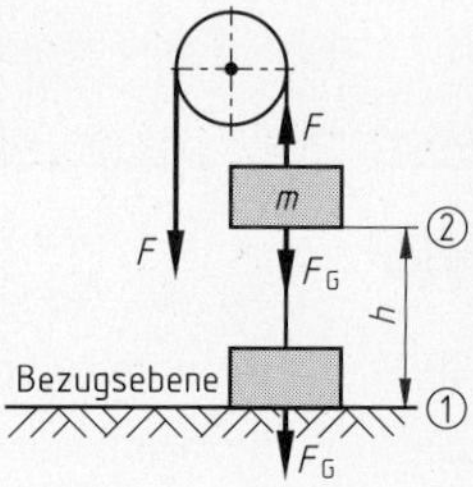


3

$W_h = F \cdot h$ **Hubarbeit** in Nm

$W_{pot} = F_G \cdot h = m \cdot g \cdot h$ **potentielle Energie = Energie der Lage**

Bei Vernachlässigung der Zapfen- und Seilreibung (⟶ 28 30) ist $F = F_G$. Dann ist bei gleichem Weg $W_h = W_{pot}$:

Zugeführte Hubarbeit $W_h$ = Zunahme der potentiellen Energie $W_{pot}$

## 40.3 Arbeit auf der schiefen Ebene ⟶ 26 38 und goldene Regel der Mechanik

$W = F_H \cdot s = F_G \cdot h$ **Arbeit auf der schiefen Ebene** in Nm

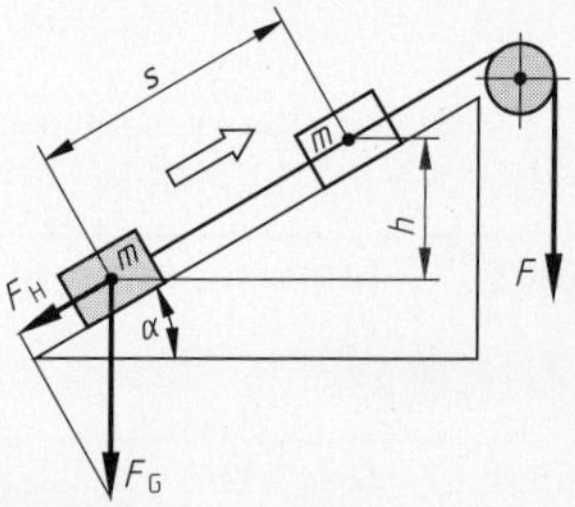


4

$$\frac{F_H}{F_G} = \frac{h}{s}$$ ⟶ Was an Kraft weniger aufgewendet wird, muß im gleichen Verhältnis mehr an Weg zurückgelegt werden.

↓

**Goldene Regel der Mechanik**

## 40.4 Beschleunigungsarbeit und kinetische Energie

$W_a = m \cdot a \cdot s = \dfrac{m}{2} \cdot v_t^2$ **Beschleunigungsarbeit** in Nm

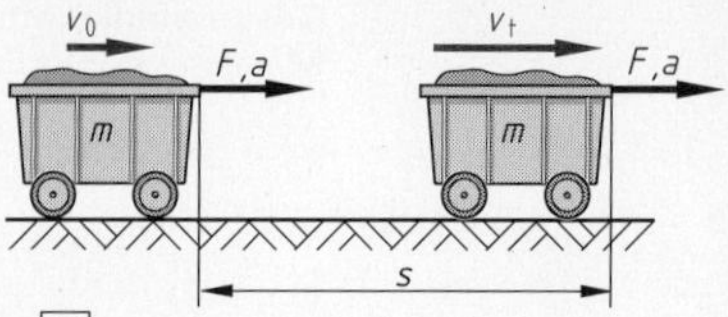


$W_{kin} = \dfrac{m}{2} \cdot v^2$ **kinetische Energie = Bewegungsenergie**

$\Delta W_{kin} = \dfrac{m}{2} \cdot (v_t^2 - v_0^2)$ **Änderung der kinetischen Energie** 5

Zugeführte Beschleunigungsarbeit $W_a$ = Zunahme der kinetischen Energie $W_{kin}$.

**DIN 1304**: auch $E$ für Energie

| | | |
|---|---|---|
| $a$ | Beschleunigung | $\text{m/s}^2$ |
| $m$ | Masse | kg |
| $v_0$ | Anfangsgeschwindigkeit | m/s |
| $v_t$ | Endgeschwindigkeit | m/s |

## 40.5 Umwandlung von potentieller Energie in kinetische Energie

$W_{kin②} = \frac{m}{2} \cdot v_t^2 = m \cdot g \cdot h = W_{pot①}$ **Energieumwandlung** beim freien Fall → 34

Sieht man von **Reibungsverlusten** → 25 ··· 32 42 ab, dann läßt sich die potentielle Energie in eine äquivalente (gleichwertige) kinetische Energie umwandeln.

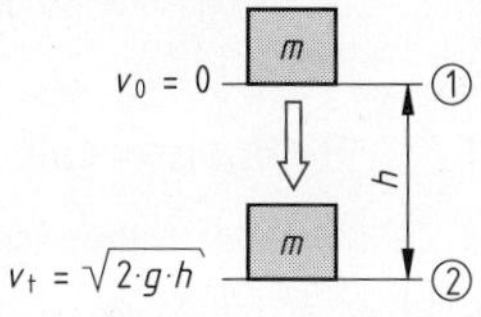

1

## 40.6 Energieerhaltung

$W_{Ende} = W_{Anfang} + W_{zu} - W_{ab}$ **Energie-Erhaltungssatz**

Die Energie am Ende eines technischen Vorganges ist genauso groß wie die Summe der Energie am Anfang und der während des technischen Vorganges zu- und abgeführten Energie.

### 40.6.1 Energieerhaltung beim wirklichen Stoß → 39

Beim **realen Stoß** erwärmen sich die Stoßkörper. Die entstandene Wärmeenergie (umgesetzte mechanische Energie) dissipiert (verflüchtigt sich), d. h., daß sie am Ende des Stoßes dem technischen Vorgang entzogen ist. Dies hat zur Folge:

Die Endgeschwindigkeiten beim realen Stoß sind kleiner als beim elastischen Stoß.

**Endgeschwindigkeiten beim realen Stoß:**

$$v_{1e} = \frac{m_1 \cdot v_1 + m_2 \cdot v_2 - m_2 \cdot (v_1 - v_2) \cdot k}{m_1 + m_2}$$ in m/s

**k** →

$$v_{2e} = \frac{m_1 \cdot v_1 + m_2 \cdot v_2 - m_1 \cdot (v_1 - v_2) \cdot k}{m_1 + m_2}$$ in m/s

| Stoßrealität | Stoßzahl *k* |
|---|---|
| unelastischer Stoß | 0 |
| elastischer Stoß | 1 |
| Stahl bei 20 °C | ca. 0,7 |
| Kupfer bei 200 °C | ca. 0,3 |
| Elfenbein bei 20 °C | ca. 0,9 |
| Glas bei 20 °C | ca. 0,95 |

## 40.7 Federspannarbeit

### 40.7.1 Federspannarbeit aus ungespanntem Zustand

$W_f = \frac{F}{2} \cdot s$ **Federspannarbeit** in Nm

| | | |
|---|---|---|
| *F* | Spannkraft | N |
| *s* | Federweg (Spannweg) | m |

### 40.7.2 Federspannarbeit bei Feder mit Vorspannung

$W_f = \frac{F_1 + F_2}{2} \cdot (s_2 - s_1)$

$W_f = \frac{c}{2} \cdot (s_2^2 - s_1^2)$

**Federspannarbeit** in Nm

$c = \frac{F}{s}$ **Federkonstante (Federrate)** in $\frac{\text{N}}{\text{m}}$

**Anmerkung:** Obige Gleichungen gelten nur bei **Federn mit linearer Federkennlinie**, nicht bei Federn mit progressivem oder degressivem Federverhalten.

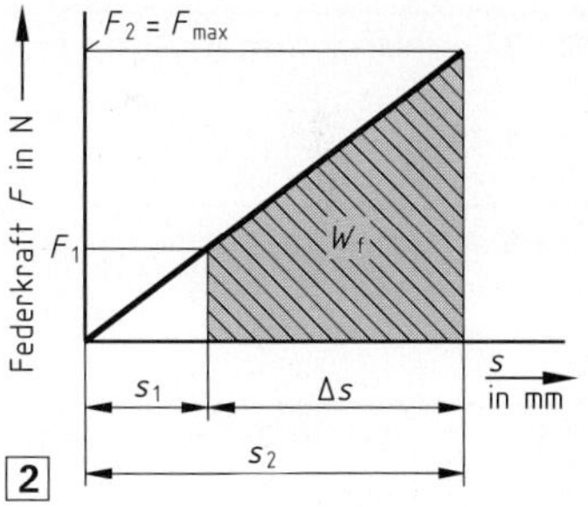

2

# 41 Mechanische Leistung

→ 40 42 44 45 47

$P = \frac{F \cdot s}{t} = \frac{W}{t}$ **mittlere Leistung**

$P = F \cdot v$ **Momentanleistung**

| | | |
|---|---|---|
| *F* | Verschiebekraft | N |
| *s* | zurückgelegter Weg | m |
| *t* | Zeit (Δt) | s |
| *W* | mechanische Arbeit | Nm |
| *v* | Verschiebegeschwindigkeit | m/s |

$$[P] = \frac{[F] \cdot [s]}{[t]} = \frac{\text{N} \cdot \text{m}}{\text{s}} = \frac{\text{Nm}}{\text{s}} = \frac{\text{J}}{\text{s}} = \frac{\text{Ws}}{\text{s}} = \text{W} = \textbf{Watt}$$ → 40

1 Watt ist gleich der Leistung, bei der während der Zeit 1 s die Energie 1 J umgesetzt wird.

$1\,\text{kW} = 10^3\,\text{W}$ $1\,\text{MW} = 10^6\,\text{W}$ **Pferdestärke** (keine SI-Einheit): $1\,\text{kW} = 1{,}36\,\text{PS}$

DYNAMIK

## 42 Reibungsarbeit und Wirkungsgrad, Reibleistung

→ 25 ··· 31

### 42.1 Reibungsarbeit

$W_R = \mu_0 \cdot F_N \cdot s$ **Haftreibungsarbeit** in Nm

$W_R = \mu \cdot F_N \cdot s$ **Gleitreibungsarbeit** in Nm

| | | |
|---|---|---|
| $\mu_0$ | Haftreibungskoeffizient | 1 |
| $\mu$ | Gleitreibungskoeffizient | 1 |
| $F_N$ | Normalkraft | N |
| $s$ | zurückgelegter Weg | m |

### 42.2 Mechanischer Wirkungsgrad

$$\eta = \frac{W_n}{W_a} = \frac{P_n}{P_a} \cdot 100 \text{ in } \% < 100\%$$

$\eta_{ges} = \eta_1 \cdot \eta_2 \cdot \eta_3 \cdot \ldots \cdot \eta_n$ **Gesamtwirkungsgrad**

| | | |
|---|---|---|
| $W_n$ | Nutzarbeit | Nm |
| $W_a$ | aufgewendete Arbeit | Nm |
| $P_n$ | Nutzleistung | W, kW |
| $P_a$ | aufgewendete Leistung | W, kW |
| $\eta_1 \ldots \eta_n$ | Einzelwirkungsgrade | 1 |

### 42.3 Reibleistung → 42.1

$P_R = \frac{W_R}{t} = F_R \cdot v$ **Reibleistung** in W

| | | |
|---|---|---|
| $W_R$ | Reibungsarbeit | Nm |
| $t$ | Zeit ($\Delta t$) | s |
| $F_R$ | Reibungskraft | N |
| $v$ | Verschiebegeschwindigkeit | m/s |

## 43 Wirkungsgrad wichtiger Maschinenelemente und Baugruppen

→ 42

### 43.1 Flachführung → 27

$$\eta = 1 - \mu \cdot \frac{F_N}{F_1} < 1$$

| | | |
|---|---|---|
| $\mu$ | Reibungskoeffizient | 1 |
| $F_N$ | Normalkraft | N |
| $F_1$ | Verschiebekraft | N |

### 43.2 Symmetrische Prismenführung → 27

$$\eta = 1 - \frac{\mu}{\sin\alpha} \cdot \frac{F}{F_1} < 1$$

| | | |
|---|---|---|
| $\mu$ | Reibungskoeffizient | 1 |
| $\alpha$ | halber Prismenwinkel | 1 |
| $F$ | Anpreßkraft | N |
| $F_1$ | Verschiebekraft | N |

### 43.3 Unsymmetrische Prismenführung → 27

$$\eta = 1 - \mu \cdot \frac{F_{N1} + F_{N2}}{F_1} < 1$$

| | | |
|---|---|---|
| $\mu$ | Reibungskoeffizient | 1 |
| $F_{N1}$, $F_{N2}$ | Normalkräfte | N |
| $F_1$ | Verschiebekraft | N |

### 43.4 Zylinderführung (Säulenführung) → 27

$$\eta = 1 - \frac{F_R}{F} < 1$$

| | | |
|---|---|---|
| $F_R$ | Reibungskraft | N |
| $F$ | axiale Belastung | N |

### 43.5 Axiale Zylindergleitdichtung

$$\eta = 1 - \frac{4 \cdot \mu \cdot \delta}{d} < 1$$

| | | |
|---|---|---|
| $\mu$ | Reibungskoeffizient | 1 |
| $\delta$ | Höhe der Dichtungsanlage | mm |
| $d$ | Dichtungsdurchmesser | mm |

### 43.6 Schraubenwirkungsgrad → 29

$\eta_H = \frac{\tan\alpha}{\tan(\alpha + \varrho')}$ **$\eta$ beim Heben** bzw. **beim Anziehen**

$\eta_S = \frac{\tan(\alpha - \varrho')}{\tan\alpha}$ **$\eta$ beim Senken** bzw. **beim Lösen**

$\mu' = \tan\varrho' = \frac{\mu}{\cos\frac{\beta}{2}}$ **Gewindereibungszahl**

| | | |
|---|---|---|
| $\alpha$ | Steigungswinkel | Grad |
| $\varrho'$ | Gewindereibungswinkel | Grad |
| $\mu'$ | Gewindereibungszahl = $\tan\varrho'$ | 1 |
| $\mu$ | Gleitreibungszahl | 1 |
| $\beta$ | Flankenwinkel | Grad |

Gewindetabellen → Tabellen-Anhang

DYNAMIK

# 44 Drehleistung

→ 41 42 43 45 69

## 44.1 Drehzahl und Umfangsgeschwindigkeit → 33 45

$v_u = \pi \cdot d \cdot n$ **Umfangsgeschwindigkeit**

$v_u = \frac{\pi \cdot d \cdot n}{1000}$

| $v_u$ | $d$ | $n$ |
|---|---|---|
| m/min | mm | $min^{-1}$ |

$v_u = \frac{\pi \cdot d \cdot n}{1000 \cdot 60}$

| $v_u$ | $d$ | $n$ |
|---|---|---|
| m/s | mm | $min^{-1}$ |

| | | |
|---|---|---|
| $v_u$ | Umfangsgeschwindigkeit | m/s |
| $d$ | Durchmesser des Drehkörpers | m |
| $n$ | Drehzahl (Umdrehungsfrequenz) | $s^{-1}$ |

Insbesondere in der **Fertigungstechnik** wird zwischen m/min und m/s unterschieden, und zwar bei der Angabe der **Schnittgeschwindigkeit $v_c$**.

## 44.2 Drehleistung bei gleichförmiger Drehbewegung → 45

$M = F_u \cdot \frac{d}{2}$ **Drehmoment** in Nm

$F_u = \frac{2 \cdot M}{d}$ **Umfangskraft** in N

$P = \frac{2 \cdot M \cdot v_u}{d}$ **Drehleistung**

| $P$ | $M$ | $v_u$ | $d$ |
|---|---|---|---|
| W | Nm | m/s | m |

$P = \frac{M \cdot n}{9550}$ **Drehleistung**

$M = 9550 \cdot \frac{P}{n}$ **Drehmoment**

| $P$ | $M$ | $n$ |
|---|---|---|
| kW | Nm | $min^{-1}$ |

→ Zahlenwertgleichungen!

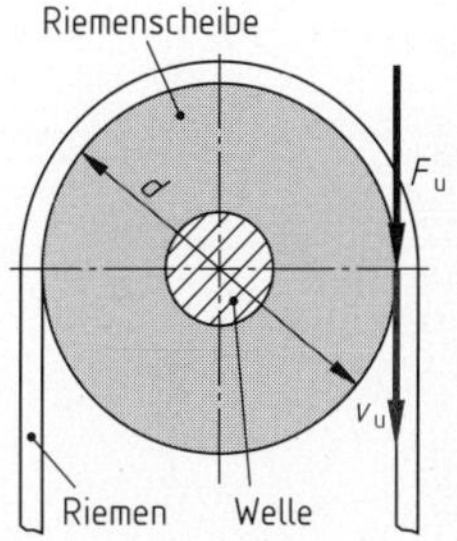


1

# 45 Rotationskinematik

→ 33 34 44

## 45.1 Winkelgeschwindigkeit

$\omega = 2 \cdot \pi \cdot n$ **Winkelgeschwindigkeit**

| $\omega$ | $n$ |
|---|---|
| $1/s = s^{-1} = rad/s$ | $s^{-1}$ |

$\omega = \frac{\pi \cdot n}{30}$ **Winkelgeschwindigkeit** (Zahlenwertgleichung)

| $\omega$ | $n$ |
|---|---|
| $s^{-1} = rad/s$ | $min^{-1}$ |

$v_u = \omega \cdot r$ **Umfangsgeschwindigkeit**

| $v_u$ | $\omega$ | $r$ |
|---|---|---|
| m/s | $s^{-1}$ | m |

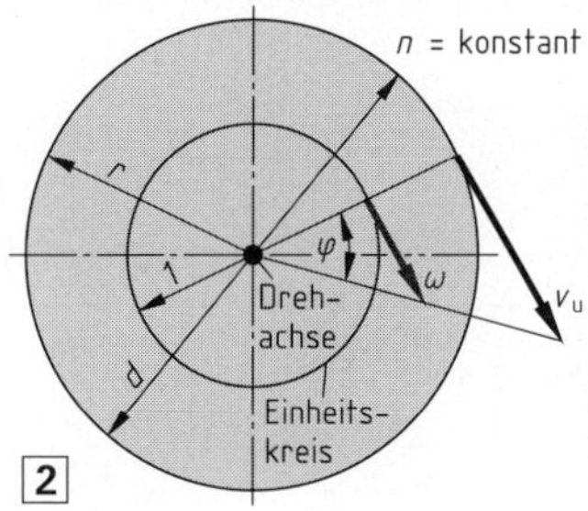


2

## 45.2 Drehleistung und Winkelgeschwindigkeit

$P = M \cdot \omega$ **Drehleistung** in W

| | | |
|---|---|---|
| $M$ | Drehmoment | Nm |
| $\omega$ | Winkelgeschwindigkeit | $s^{-1}$ |

$P = M \cdot \frac{\pi \cdot n}{30}$ **Drehleistung** (Zahlenwertgleichung)

| $P$ | $M$ | $n$ |
|---|---|---|
| W | Nm | $min^{-1}$ |

## 45.3 Drehwinkel bei gleichförmiger Rotation

$\varphi = \omega \cdot t$ **Drehwinkel** in rad

| | | |
|---|---|---|
| $\omega$ | Winkelgeschwindigkeit | $s^{-1}$ |
| $t$ | Zeit ($\Delta t$) | s |

## 45.4 Gleichmäßig beschleunigte oder verzögerte Drehbewegung

$a_t = \frac{\Delta v_u}{\Delta t}$ **Tangentialbeschleunigung**

$\alpha = \frac{a_t}{r}$ **Winkelbeschleunigung**

| | | |
|---|---|---|
| $a_t$ | Tangentialbeschleunigung | $m/s^2$ |
| $v_u$ | Umfangsgeschwindigkeit $= a_t \cdot t$ | m/s |
| $t$ | Zeit ($\Delta t$) | s |
| $\alpha$ | Winkelbeschleunigung | $rad/s^2$ |
| $r$ | Radius des Drehkörpers | m |

DYNAMIK

$\omega = \alpha \cdot t = \frac{a_t}{r} \cdot t$ **Winkelgeschwindigkeit** in $s^{-1}$

$\Delta\omega = \alpha \cdot \Delta t$ **Änderung der Winkelgeschwindigkeit**

**Weitere Gleichungen** zur gleichmäßig beschleunigten oder verzögerten Drehbewegung ⟶ **nachfolgende Tabelle**:

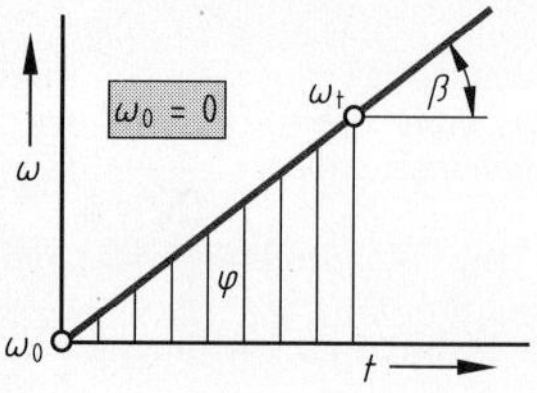


1

$t = \Delta t$

**$\omega$, $t$-Diagramme**

$\alpha$ = konst. u. positiv

**Bei verzögerter Bewegung** ist die Winkelbeschleunigung $\alpha$ negativ in die folgenden Formeln einzusetzen!

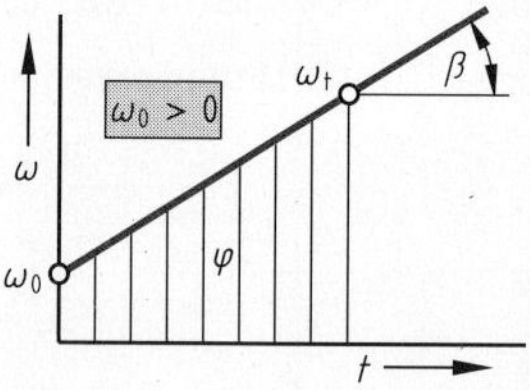


2

$\alpha$, $\varphi$, $\omega$, $t$ ⟶ wie vorher; $\omega_0$ = **Anfangswinkelgeschwindigkeit**
$\omega_t$ = **Endwinkelgeschwindigkeit**

| | | | |
|---|---|---|---|
| Winkelgeschwindigkeit am Anfang $\omega_0$ | $\omega_0 = 0$ | $\omega_0 > 0$ | rad/s |
| Drehwinkel $\varphi$ nach der Zeit $t$ ($\Delta t$) | $\varphi = \frac{\omega_t \cdot t}{2}$ | $\varphi = (\omega_0 + \omega_t) \cdot \frac{t}{2}$ | rad |
| | $\varphi = \frac{\alpha}{2} \cdot t^2$ | $\varphi = \omega_0 \cdot t + \frac{\alpha}{2} \cdot t^2$ | rad |
| | $\varphi = \frac{\omega_t^2}{2 \cdot \alpha}$ | $\varphi = \frac{\omega_t^2 - \omega_0^2}{2 \cdot \alpha}$ | rad |
| Winkelbeschleunigung $\alpha$ (Anstieg $\tan\beta \sim \alpha$) | $\alpha = \frac{\omega_t}{t}$ | $\alpha = \frac{\omega_t - \omega_0}{t}$ | rad/s$^2$ |
| | $\alpha = \frac{2 \cdot \varphi}{t^2}$ | $\alpha = \frac{2 \cdot (\varphi - \omega_0 \cdot t)}{t^2}$ | rad/s$^2$ |
| | $\alpha = \frac{\omega_t^2}{2 \cdot \varphi}$ | $\alpha = \frac{\omega_t^2 - \omega_0^2}{2 \cdot \varphi}$ | rad/s$^2$ |
| Winkelgeschwindigkeit $\omega_0$ (am Anfang) | $\omega_0 = 0$ | $\omega_0 = \omega_t - \alpha \cdot t$ | rad/s |
| | | $\omega_0 = \frac{2 \cdot \varphi}{t} - \omega_t$ | rad/s |
| | | $\omega_0 = \sqrt{\omega_t^2 - 2 \cdot \alpha \cdot \varphi}$ | rad/s |
| Winkelgeschwindigkeit $\omega_t$ (nach der Zeit $t$) | $\omega_t = \alpha \cdot t$ | $\omega_t = \omega_0 + \alpha \cdot t$ | rad/s |
| | $\omega_t = \frac{2 \cdot \varphi}{t}$ | $\omega_t = \omega_0 + \frac{2 \cdot \varphi}{t}$ | rad/s |
| | $\omega_t = \sqrt{2 \cdot \alpha \cdot \varphi}$ | $\omega_t = \sqrt{\omega_0^2 + 2 \cdot \alpha \cdot \varphi}$ | rad/s |
| Zeit $t$ (Zeitspanne $\Delta t$) | $t = \frac{\omega_t}{\alpha}$ | $t = \frac{\omega_t - \omega_0}{\alpha}$ | s |
| | $t = \frac{2 \cdot \varphi}{\omega_t}$ | $t = \frac{2 \cdot \varphi}{\omega_0 + \omega_t}$ | s |
| | $t = \sqrt{\frac{2 \cdot \varphi}{\alpha}}$ | $t = \frac{\sqrt{\omega_0^2 + 2 \cdot \alpha \cdot \varphi} - \omega_0}{\alpha}$ | s |

# 46 Rotationsdynamik

→ 37 38 39

## 46.1 Die Fliehkraft

**Zentrifugalkraft** $F_z$ ⟶ vom Drehmittelpunkt weggerichtet.
**Zentripetalkraft** $F_z'$ ⟶ zum Drehmittelpunkt hingerichtet.

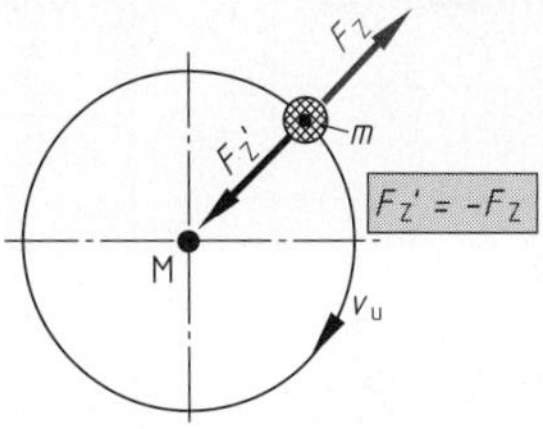


1

$F_z = -F_z' = m \cdot \frac{v_u^2}{r} = m \cdot r \cdot \omega^2$ **Zentrifugalkraft** / **Zentripetalkraft** in N

$a_z = \frac{v_u^2}{r}$ **Zentripetalbeschleunigung** in $\frac{m}{s^2}$

| | | |
|---|---|---|
| $m$ | Masse | kg |
| $v_u$ | Umfangsgeschwindigkeit | m/s |
| $r$ | Bahnradius | m |
| $\omega$ | Winkelgeschwindigkeit | $s^{-1}$ |

## 46.2 Coriolisbeschleunigung und Corioliskraft

$a_c = 2 \cdot \omega \cdot v$ **Coriolisbeschleunigung** in m/s²

$F_c = m \cdot a_c = m \cdot 2 \cdot \omega \cdot v$ **Corioliskraft** in N

| | | |
|---|---|---|
| $\omega$ | Winkelgeschwindigkeit | $s^{-1}$ |
| $v$ | Bewegungsgeschwindigkeit eines Körpers auf dem Drehkörper | m/s |
| $m$ | Masse des bewegten Körpers | kg |

# 47 Kinetische Energie rotierender Körper

→ 40

## 47.1 Rotationsenergie als kinetische Energie

Die einem rotierenden Körper zugeführte mechanische Arbeit entspricht der Erhöhung der kinetischen Energie dieser rotierenden Masse, d. h. der Erhöhung der **Rotationsenergie (Drehenergie)**.

$W_{rot} = m \cdot r^2 \cdot \frac{\omega^2}{2}$ **Drehenergie eines Massenpunktes** in Nm

$W_{rot} = \frac{J}{2} \cdot \omega^2$ **Drehenergie** (allgemein)

$m = V \cdot \varrho$ **Masse des Drehkörpers**

| | | |
|---|---|---|
| $W_{rot}$ | Rotations- bzw. Drehenergie | Nm |
| $r$ | Abstand des Massenpunktes vom Drehmittelpunkt | m |
| $\omega$ | Winkelgeschwindigkeit | $s^{-1}$ |
| $J$ | Massenträgheitsmoment des Drehkörpers | kg m² |

↓
**Trägheitsmomente einfacher Drehkörper auf der folgenden Seite!**

| | | |
|---|---|---|
| $m$ | Masse des Drehkörpers | kg |
| $V$ | Volumen des Drehkörpers | m³ |
| $\varrho$ | Dichte des Drehkörpers | kg/m³ |

## 47.2 Trägheitsmoment zusammengesetzter Körper → 63

Das **Gesamtträgheitsmoment** eines aus Einzelkörpern zusammengesetzten Körpers errechnet sich grundsätzlich aus der Summe der Trägheitsmomente aller Einzelkörper.

$J = J_1 + J_2 + \cdots + J_n$ **Gesamtträgheitsmoment** in kg m²

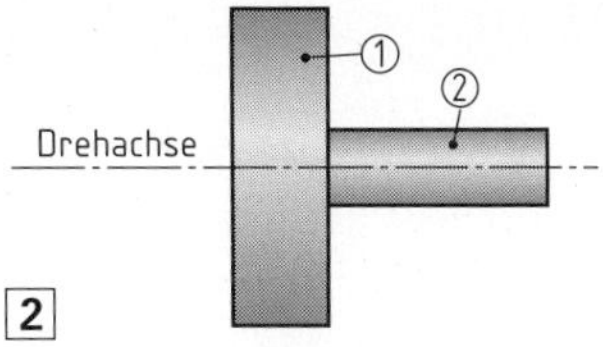


2

**Bild 2:** die Schwerpunkte aller Einzelkörper liegen auf der Drehachse.
**Bild 3:** die Schwerpunkte der Einzelkörper liegen nicht alle auf der Drehachse. Für diesen Fall gilt:

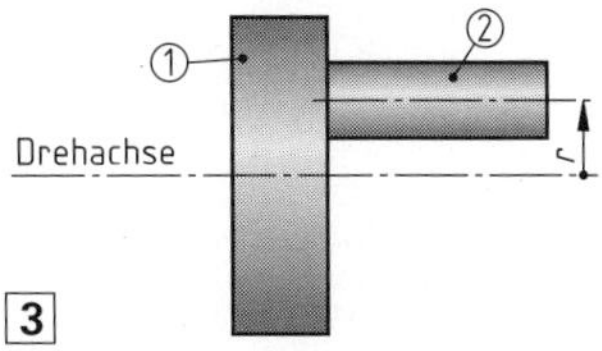


3

$J = J_s + m \cdot r^2$ **Steinerscher Verschiebungssatz**

In dieser Gleichung bedeuten:

- $J$ ⟶ das auf die Drehachse bezogene Trägheitsmoment des Einzelkörpers (z. B. Körper ②).
- $J_s$ ⟶ das Trägheitsmoment des Einzelkörpers (z. B. Körper ②), **Eigenträgheitsmoment** ⟶ Tabelle Seite 38!
- $m$ ⟶ Masse des Körpers, dessen Schwerpunkt nicht auf der Drehachse liegt.
- $r$ ⟶ Abstand der Schwerachse dieses Körpers von der Drehachse.

## Trägheitsmomente einfacher Körper (Massenträgheitsmomente)

### Kreiszylinder

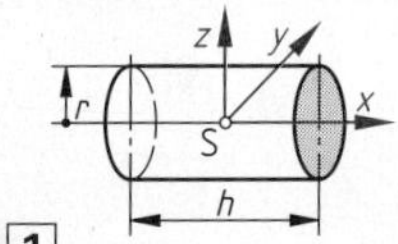


1

$$m = \varrho \cdot \pi \cdot r^2 \cdot h$$

$$J_x = \frac{m \cdot r^2}{2}$$

$$J_y = J_z = \frac{m \cdot (3 \cdot r^2 + h^2)}{12}$$

### Hohlzylinder

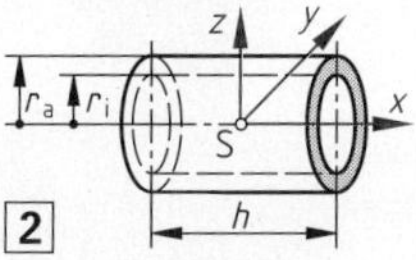


2

$$m = \varrho \cdot \pi \cdot (r_a^2 - r_i^2) \cdot h$$

$$J_x = \frac{m \cdot (r_a^2 + r_i^2)}{2}$$

$$J_y = J_z = \frac{m \cdot \left(r_a^2 + r_i^2 + \frac{h^2}{3}\right)}{4}$$

### Kugel

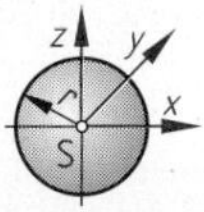


3

$$m = \varrho \cdot \frac{4}{3} \cdot \pi \cdot r^3$$

$$J_x = J_y = J_z = \frac{2}{5} \cdot m \cdot r^2$$

### Kreiskegel

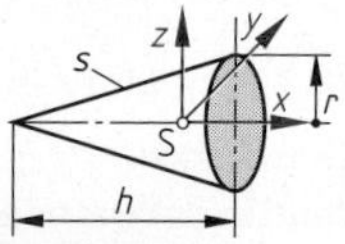


4

$$m = \varrho \cdot \pi \cdot r^2 \cdot \frac{h}{3}$$

$$J_x = \frac{3}{10} \cdot m \cdot r^2$$

$$J_y = J_z = \frac{3 \cdot m \cdot (4 \cdot r^2 + h^2)}{80}$$

### Quader

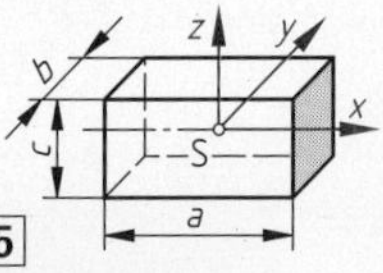


5

$$m = \varrho \cdot a \cdot b \cdot c$$

$$J_x = \frac{m \cdot (b^2 + c^2)}{12}$$

$$J_y = \frac{m \cdot (a^2 + c^2)}{12}$$

$$J_z = \frac{m \cdot (a^2 + b^2)}{12}$$

### Dünner Stab

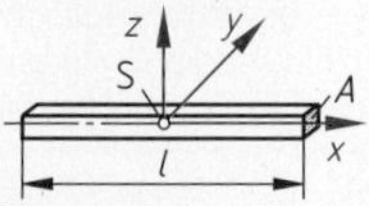


6

$$m = \varrho \cdot A \cdot l$$

$$J_y = J_z = \frac{m \cdot l^2}{12}$$

### Hohlkugel

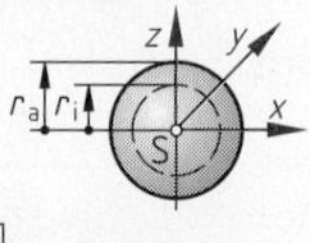


7

$$m = \varrho \cdot \frac{4}{3} \cdot \pi \cdot (r_a^3 - r_i^3)$$

$$J_x = J_y = J_z = \frac{2}{5} \cdot m \cdot \frac{r_a^5 - r_i^5}{r_a^3 - r_i^3}$$

### Kreiskegelstumpf

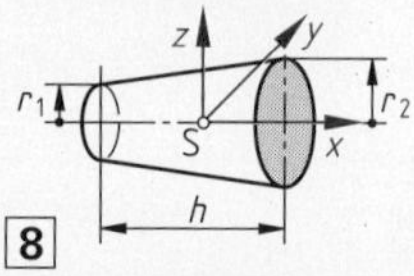


8

$$m = \varrho \cdot \frac{1}{3} \cdot \pi \cdot h \cdot (r_2^2 + r_1 \cdot r_2 + r_1^2)$$

$$J_x = \frac{3}{10} \cdot m \cdot \frac{r_2^5 - r_1^5}{r_2^3 - r_1^3}$$

### Rechteckpyramide

9

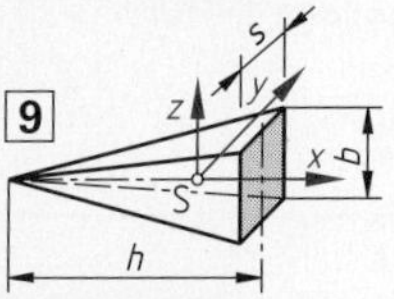


$$m = \frac{\varrho \cdot a \cdot b \cdot h}{3}$$

$$J_x = \frac{m \cdot (a^2 + b^2)}{20}$$

$$J_y = \frac{m \cdot \left(b^2 + \frac{3}{4} \cdot h^2\right)}{20}$$

$$J_z = \frac{m \cdot \left(a^2 + \frac{3}{4} \cdot h^2\right)}{20}$$

### Kreistorus

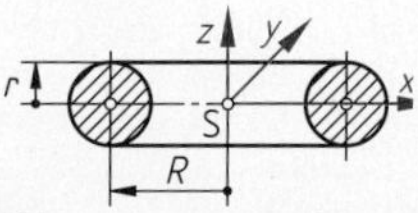


10

$$m = \varrho \cdot 2 \cdot \pi^2 \cdot r^2 \cdot R$$

$$J_x = J_y = \frac{m \cdot (4 \cdot R^2 + 5 \cdot r^2)}{8}$$

$$J_z = \frac{m \cdot (4 \cdot R^2 + 3 \cdot r^2)}{4}$$

### Halbkugel

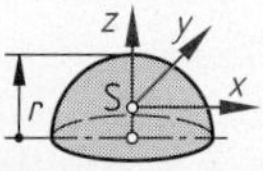


11

$$m = \varrho \cdot \frac{2}{3} \cdot \pi \cdot r^3$$

$$J_x = J_y = \frac{83}{320} \cdot m \cdot r^2$$

$$J_z = \frac{2}{5} \cdot m \cdot r^2$$

### Beliebiger Rotationskörper

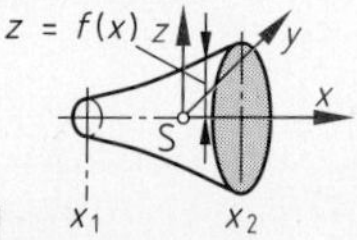


12

$$m = \varrho \cdot \pi \cdot \int_{x_1}^{x_2} f^2(x)\,dx$$

$$J_x = \frac{1}{2} \cdot \varrho \cdot \pi \cdot \int_{x_1}^{x_2} f^4(x)\,dx$$

## 47.3 Reduzierte Masse

Unter der **reduzierten Masse** $m_{red}$ eines Rotationskörpers versteht man eine in beliebigem Abstand $r'$ vom Drehmittelpunkt angeordnete punktförmige Masse mit dem gleichen Trägheitsmoment wie es der Körper selbst besitzt.

**Beispiel:** Scheibe mit Kurbelzapfen (Bild 13).

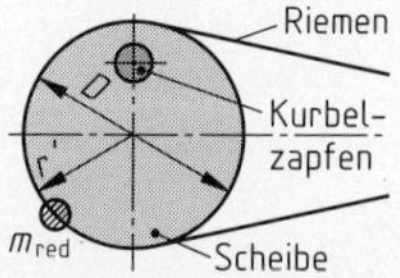


13

DYNAMIK

| | | | | |
|---|---|---|---|---|
| $m_{red} = \frac{J}{(r')^2}$ | **reduzierte Masse** in kg | $J$<br>$r'$ | Massenträgheitsmoment<br>angenommener Radius | kg m²<br>m |

## 47.4 Trägheitsradius

| | | | | |
|---|---|---|---|---|
| $i = \sqrt{\frac{J}{m}}$ | **Trägheitsradius** in m | $J$<br>$m$ | Massenträgheitsmoment<br>Masse des Drehkörpers | kg m²<br>kg |

## 47.5 Dynamisches Grundgesetz der Drehbewegung → 37 45

| | | | | |
|---|---|---|---|---|
| $M = J \cdot \alpha$ | **Drehmoment zur Rotationsbeschleunigung** in Nm | $J$<br>$\alpha$ | Massenträgheitsmoment<br>Winkelbeschleunigung | kg m²<br>1/s² |

## 47.6 Dreharbeit → 40

| | | | | |
|---|---|---|---|---|
| $W_{rot} = M \cdot \varphi$ | **Dreharbeit** in Nm | $M$<br>$\varphi$ | Drehmoment<br>Drehwinkel | Nm<br>rad |

## 47.7 Drehimpuls und Drehstoß → 39

$H = M \cdot \Delta t$ **Drehstoß (Momentenstoß)** in Nm s

$L = J \cdot \omega$ **Drehimpuls (Drall)** in $\frac{\text{kg m}^2}{\text{s}}$

$J_0 \cdot \omega_0 = J_t \cdot \omega_t$ **Drehimpulserhaltung (Drallerhaltung)**

| | | |
|---|---|---|
| $M$ | Drehmoment | Nm |
| $t$ | Zeit ($\Delta t$) | s |
| $J$ | Massenträgheitsmoment | kg m² |
| $\omega$ | Winkelgeschwindigkeit | $s^{-1}$ |
| $\omega_0$ | $\omega$ am Anfang der Drehbeschleunigung | $s^{-1}$ |
| $\omega_t$ | $\omega$ am Ende der Drehbeschleunigung | $s^{-1}$ |

Verkleinert sich bei einem rotierenden Körper das Massenträgheitsmoment $J$, dann vergrößert sich, ohne Energiezufuhr von außen, die Winkelgeschwindigkeit $\omega$ und damit die Drehzahl (Umdrehungsfrequenz) $n$.

## 47.8 Vergleich der Translationsgrößen mit den Rotationsgrößen

| Translationsgröße | Formelzeichen | Einheit | Rotationsgröße | Formelzeichen | Einheit |
|---|---|---|---|---|---|
| Weg | $\Delta s$ | m | Drehwinkel | $\Delta\varphi$ | rad |
| Zeit | $\Delta t$ | s | Zeit | $\Delta t$ | s |
| Geschwindigkeit | $v = \frac{\Delta s}{\Delta t}$ | m/s | Winkelgeschwindigkeit | $\omega = \frac{\Delta\varphi}{\Delta t}$ | $\frac{\text{rad}}{\text{s}} = s^{-1}$ |
| Beschleunigung | $a = \frac{\Delta v}{\Delta t}$ | m/s² | Winkelbeschleunigung | $\alpha = \frac{\Delta\omega}{\Delta t}$ | $\frac{\text{rad}}{\text{s}^2} = s^{-2}$ |
| Leistung | $P = F \cdot v = \frac{W}{t}$ | W | Drehleistung | $P = m \cdot \omega = \frac{W_{rot}}{t}$ | W |
| Weg | $s = v \cdot t$ | m | Drehwinkel | $\varphi = \omega \cdot t$ | rad |
| Beschleunigung | $a = \frac{\Delta v}{\Delta t}$ | m/s² | Tangentialbeschleunigung | $a_t = \frac{\Delta v_u}{\Delta t}$ | m/s² |
| Geschwindigkeit | $v = a \cdot t$ | m/s | Umfangsgeschwindigkeit | $v_u = a_t \cdot t$ | m/s |
| kinetische Energie | $W_{kin} = \frac{m}{2} \cdot v^2$ | Nm | Rotationsenergie | $W_{rot} = \frac{J}{2} \cdot \omega^2$ | Nm |
| Kraft | $F$ | N | Drehmoment | $M$ | Nm |
| Masse | $m$ | kg | Trägheitsmoment | $J$ | kg m² |
| Arbeit | $W = F \cdot s$ | Nm | Rotationsenergie | $W_{rot} = M \cdot \varphi$ | Nm |
| Impuls | $p = m \cdot v$ | $\frac{\text{kg m}}{\text{s}}$ | Drehimpuls | $L = J \cdot \omega$ | $\frac{\text{kg m}^2}{\text{s}}$ |
| Kraftstoß | $I = F \cdot \Delta t$ | N · s | Drehstoß | $H = M \cdot \Delta t$ | N · m · s |

**Notizen:**

DYNAMIK

## 48 Übersetzungsverhältnis beim Riementrieb

→ 44 45 49

### 48.1 Einfacher Riementrieb

Beim Riementrieb ist es üblich, die Größen der treibenden Scheibe mit ungeraden Indizes (z. B. $d_1$, $n_1$, $\omega_1$) und die Größen der getriebenen Scheibe mit geraden Indizes (z. B. $d_2$, $n_2$, $\omega_2$) zu bezeichnen.

$d_1 \cdot n_1 = d_2 \cdot n_2$ **Grundgleichung des einfachen Riementriebs**

$$\frac{n_1}{n_2} = \frac{d_2}{d_1}$$

$$i = \frac{n_1}{n_2} = \frac{\omega_1}{\omega_2} = \frac{d_2}{d_1}$$ **Übersetzungsverhältnis**

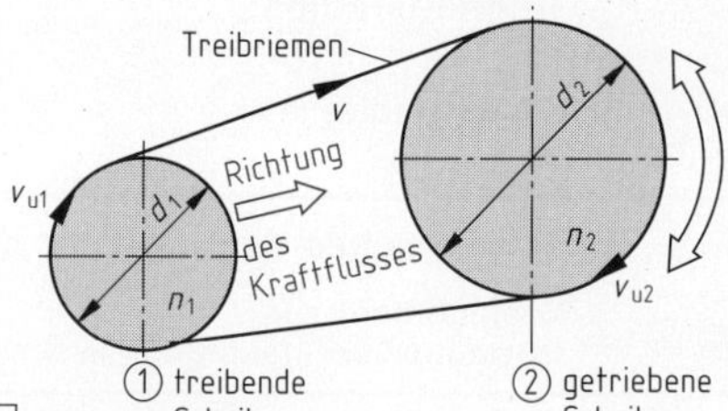


1

| | | |
|---|---|---|
| $d$ | Durchmesser | mm |
| $\omega$ | Winkelgeschwindigkeit | $s^{-1}$ |
| $n$ | Drehzahl (Umdrehungsfrequenz) | $min^{-1}$ |

Drehzahlen und Winkelgeschwindigkeiten verhalten sich umgekehrt zu den Durchmessern.

### 48.2 Mehrfachriementrieb

$n_a \cdot d_1 \cdot d_3 \cdot d_5 \cdot \ldots = n_e \cdot d_2 \cdot d_4 \cdot d_6 \cdot \ldots$ **Grundgleichung**

$n_a$ = Anfangsdrehzahl; $n_e$ = Enddrehzahl

$i_{ges} = i_1 \cdot i_2 \cdot i_3 \cdot \ldots$ **Gesamtübersetzungsverhältnis**

Beim Mehrfachriementrieb errechnet sich das Gesamtübersetzungsverhältnis aus dem Produkt aller Einzelübersetzungsverhältnisse.

$$i_{ges} = \frac{n_a}{n_e} = \frac{\omega_a}{\omega_e}$$ **Gesamtübersetzungsverhältnis**

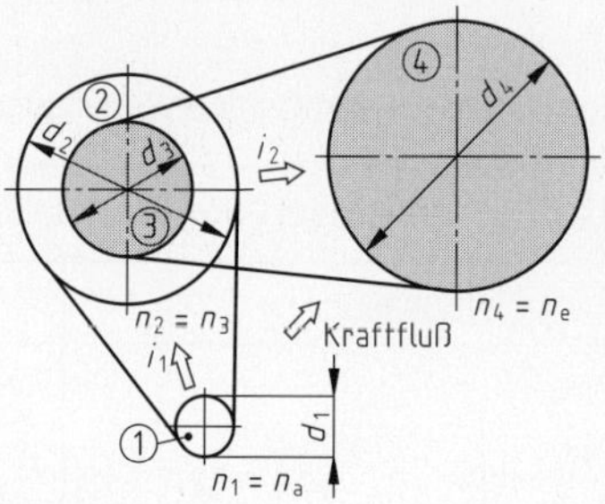


2

## 49 Übersetzungen beim Zahntrieb

→ 44 45 48

### 49.1 Einfacher Zahntrieb

$U = p \cdot z$ **Teilkreisumfang** in mm

$d = m \cdot z$ **Teilkreisdurchmesser** in mm

$$m = \frac{p}{\pi}$$ **Modul** in mm

$$i = \frac{n_1}{n_2} = \frac{\omega_1}{\omega_2} = \frac{d_2}{d_1}$$ **Übersetzungsverhältnis** in Analogie zum einfachen Riementrieb

$$i = \frac{z_2}{z_1}$$ **Übersetzungsverhältnis**

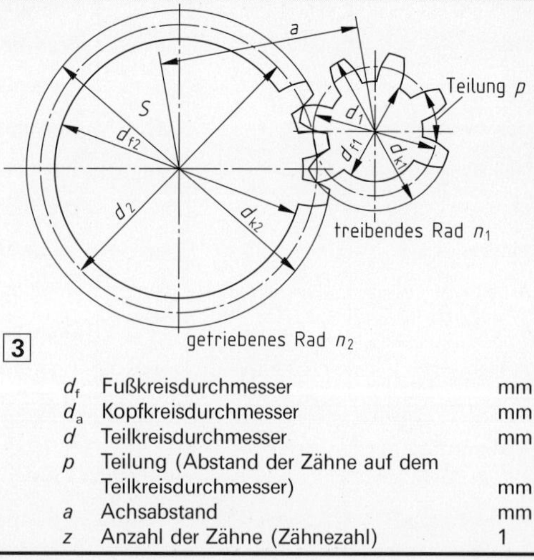


3

| | | |
|---|---|---|
| $d_f$ | Fußkreisdurchmesser | mm |
| $d_a$ | Kopfkreisdurchmesser | mm |
| $d$ | Teilkreisdurchmesser | mm |
| $p$ | Teilung (Abstand der Zähne auf dem Teilkreisdurchmesser) | mm |
| $a$ | Achsabstand | mm |
| $z$ | Anzahl der Zähne (Zähnezahl) | 1 |

DYNAMIK

### 49.2 Doppelter und Mehrfachzahntrieb $\longrightarrow$ 48.2 und 49.1

$n_a \cdot d_1 \cdot d_3 \cdot d_5 \ldots = n_e \cdot d_2 \cdot d_4 \cdot d_6 \ldots$

$n_a \cdot z_1 \cdot z_3 \cdot z_5 \ldots = n_e \cdot z_2 \cdot z_4 \cdot z_6 \ldots$

**Grundgleichungen des Mehrfachzahntriebes**

$$i_{ges} = i_1 \cdot i_2 \cdot i_3 \ldots = \frac{d_2 \cdot d_4 \cdot d_6 \ldots}{d_1 \cdot d_3 \cdot d_5 \ldots} = \frac{z_2 \cdot z_4 \cdot z_6 \ldots}{z_1 \cdot z_3 \cdot z_5 \ldots} = \frac{n_a}{n_e}$$ **Gesamtübersetzungsverhältnis**

$i = \dfrac{n_a}{n_e}$ **Übersetzung beim Zahnradtrieb mit Zwischenrad**

Ein Zwischenrad ändert nur die Drehrichtung, nicht aber das Übersetzungsverhältnis.

### 49.3 Drehzahlen bei gestuften Getrieben

$\varphi = \sqrt[z-1]{\dfrac{n_{max}}{n_{min}}}$ **Stufensprung**

$n = z - 1$ **Anzahl der Stufen**

| | | |
|---|---|---|
| $z$ | Anzahl der Drehzahlen | 1 |
| $n_{max}$ | größte Drehzahl | $min^{-1}$ |
| $n_{min}$ | kleinste Drehzahl | $min^{-1}$ |

### 49.4 Getriebewirkungsgrad $\longrightarrow$ 42 44 45

$\eta = \dfrac{1}{i} \cdot \dfrac{M_{d2}}{M_{d1}}$ **Getriebewirkungsgrad**

$i = \dfrac{n_a}{n_e}$ **Übersetzungsverhältnis des Getriebes**

| | | |
|---|---|---|
| $M_{d1}$ | Antriebsdrehmoment $M_{da}$ | Nm |
| $M_{d2}$ | Abtriebsdrehmoment $M_{de}$ | Nm |
| $n_a$ | Antriebsdrehzahl | $min^{-1}$ |
| $n_e$ | Abtriebsdrehzahl | $min^{-1}$ |

## Umwandlung von Rotation in Translation und umgekehrt

## 50 Der Kurbeltrieb

### 50.1 Die Schubkurbel

**Kolbenweg** in m

$$s = r \cdot (1 - \cos\omega \cdot t) + l \cdot \left(1 - \sqrt{1 - \left(\frac{r}{l}\right)^2 \cdot \sin^2\omega \cdot t}\right)$$

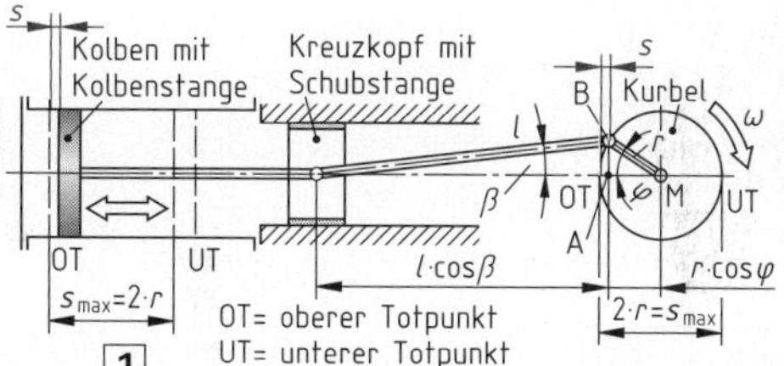


1

**Näherungsgleichungen:**
**Kolbenweg** in m

$$s = r \cdot \left[1 - \cos\omega \cdot t + \frac{r}{4 \cdot l} \cdot (1 - \cos 2 \cdot \omega \cdot t)\right]$$

**Kolbengeschwindigkeit** in m/s

$$v = r \cdot \omega \cdot \left(\sin\omega \cdot t + \frac{r}{2 \cdot l} \cdot \sin 2 \cdot \omega \cdot t\right)$$

**Kolbenbeschleunigung** in m/s²

$$a = r \cdot \omega^2 \cdot \left(\cos\omega \cdot t + \frac{r}{l} \cdot \cos 2 \cdot \omega \cdot t\right)$$

| | | |
|---|---|---|
| $l$ | Länge der Schubstange | m |
| $r$ | Kurbelradius | m |
| $s$ | Kolbenweg | m |
| $s_{max}$ | Hub | m |
| $\varphi$ | Drehwinkel der Kurbel | Grad |
| $\omega$ | Winkelgeschwindigkeit | $s^{-1}$ |
| $t$ | Zeit ($\Delta$t) | s |

### 50.2 Die Kurbelschleife $\longrightarrow$ 50.1

$s = r \cdot [1 - \cos(\omega \cdot t)]$ **Kolbenstangenweg** in m

$v = r \cdot \omega \cdot \sin(\omega \cdot t)$ **Kolbenstangengeschwindigkeit** in m/s

$a = r \cdot \omega^2 \cdot \cos(\omega \cdot t)$ **Kolbenstangenbeschleunigung** in m/s²

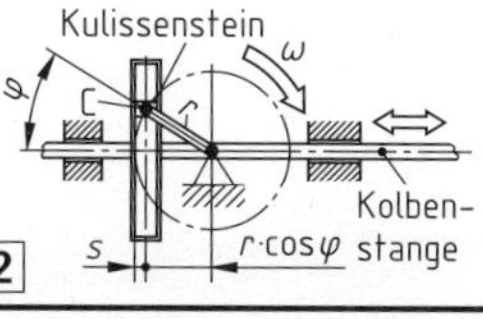


2

DYNAMIK

## Grundlagen der Festigkeitslehre

### 51 Aufgaben der Festigkeitslehre

→ 1

In der **Festigkeitslehre** unterscheidet man die **drei** folgenden **Hauptaufgaben**:

#### 51.1 Ermittlung der Bauteilabmessungen (dimensionieren)

Belastungs- und Stützkräfte ermitteln → Statik sowie Auswahl eines geeigneten Werkstoffes. → Die für die **Belastungsart zutreffende Gleichung** der Festigkeits- bzw. Elastizitätslehre liefert **Form und Abmessungen** (Dimensionen) des Bauteils. → Eventuell Werkstoff und/oder Form ändern.

#### 51.2 Ermittlung der übertragbaren Kräfte und Momente

Bei gegebenen Bauteilabmessungen und bekannten Werkstoffeigenschaften können mit den Gesetzen der Festigkeits- bzw. Elastizitätslehre die übertragbaren Kräfte und Momente berechnet werden.

#### 51.3 Werkstoffwahl

Werkstoffbestimmung entsprechend gegebenen Bauteilabmessungen und Belastungen.

### 52 Spannung und Beanspruchung

→ 58 62 69 72

#### 52.1 Schnittverfahren

$\Sigma F_x = 0$ $\Sigma F_y = 0$ $\Sigma M = 0$ → **Gleichgewichtsbedingungen am Bauteil** → 9 13 liefern innere Kraft oder/und inneres Moment am gedachten Schnitt.

#### 52.2 Definition und Einheit der Spannung → 62 69 72

**Spannung** = Größe der Beanspruchung = $\frac{\text{äußere Kraft}}{\text{Querschnittsfläche}} \rightarrow \frac{[F]}{[S]} = \frac{\mathbf{N}}{\mathbf{mm^2}}$

$\sigma = \frac{F}{S}$ → **Normalspannung** → $F \perp S$

$\tau = \frac{F}{S}$ → **Schubspannung** → $F \parallel S$ → 61 … 77

| | | |
|---|---|---|
| $F$ | äußere Kraft | N |
| $S$ | Querschnittsfläche (s. DIN 1304) | $mm^2$ |

## Die einfachen statischen Beanspruchungen

### 53 Beanspruchung auf Zug und Druck

→ 75

#### 53.1 Kraftsinn als Kriterium für Zug und Druck; gefährdeter Querschnitt

In der kleinsten Querschnittsfläche $S_{min}$ tritt die größte Zug- bzw. Druckspannung $\sigma_{max}$ auf.

$\sigma_z = \frac{F}{S}$ **Zugspannung** (Bild 1)

$\sigma_d = \frac{F}{S}$ **Druckspannung** (Bild 2)

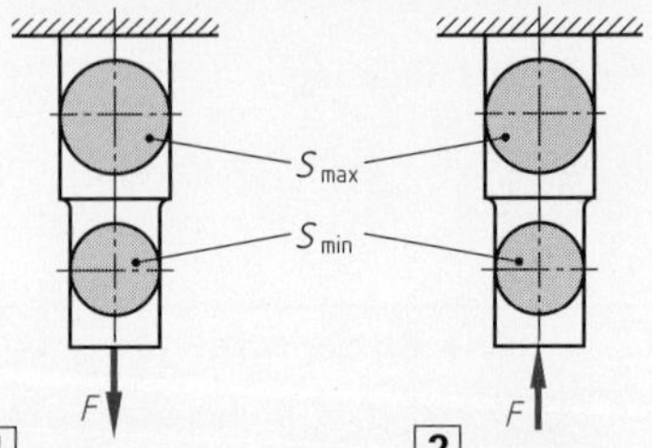


1 2

Der **gefährdete Querschnitt** $S_{gef}$ ist der Bauteilquerschnitt, der bei Belastung am ehesten zu Bruch geht.

## 53.2 Beispiele für das Erkennen des gefährdeten Querschnitts $S_{gef}$

### 53.2.1 Ketten

$$S_{gef} = \frac{\pi \cdot d^2}{2}$$ **gefährdeter Kettenquerschnitt**

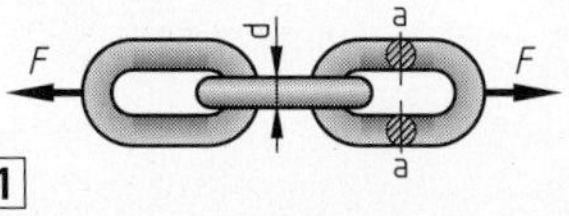


1

**Behördliche Vorschriften beachten!**

**Wichtige Kettennormen:** DIN 685, DIN 765, DIN 5684, DIN 5688

*d* Kettenstahl-Durchmesser mm

### 53.2.2 Reißlänge

Die **Reißlänge** $l_r$ ist die Länge eines frei herabhängenden Bauteiles bei der dieses Bauteil infolge seines Eigengewichtes an der Einspannstelle abreißt. $S_{gef}$ liegt also in der Einspannstelle.

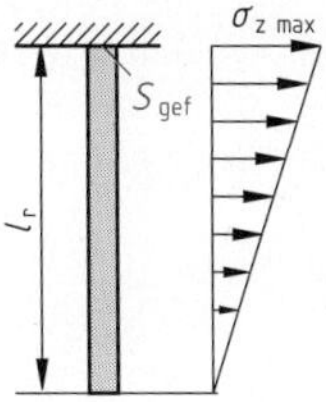


2

$$l_r = \frac{R_m}{\varrho \cdot g}$$ **Reißlänge** in m

$$1\,\frac{\text{N}}{\text{mm}^2} = 10^6\,\frac{\text{N}}{\text{m}^2}$$

$$l_r = \frac{R_m \cdot S_{gef}}{m' \cdot g}$$ **Reißlänge** in m

$$m' = \frac{m}{l_r}$$ **Metermasse** in kg/m ⟶ Tabellen-Anhang (längenbezogene Masse) (T3)

| | | |
|---|---|---|
| $R_m$ | Zugfestigkeit (Umrechnung s. oben) | N/m² |
| $\varrho$ | Dichte | kg/m³ |
| $g$ | Fallbeschleunigung | m/s² |
| $S_{gef}$ | Stabquerschnitt | m² |
| $m$ | Masse | kg |

### 53.2.3 Auf Zug und Druck beanspruchte Schrauben ⟶ 29 43

$$A_K = S_{gef} = \frac{\pi}{4} \cdot d_3^2$$ **Kernquerschnitt** in mm² (Bild 3)

$$A_S = S_{gef} = \frac{\pi}{4} \cdot \left(\frac{d_2 + d_3}{2}\right)^2$$ **Spannungsquerschnitt** in mm² (Bild 4)

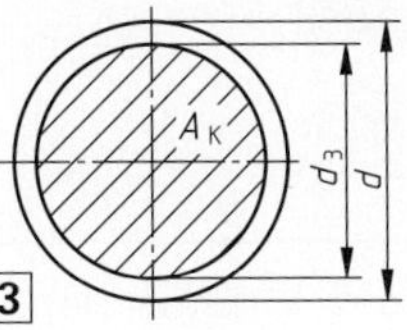


3

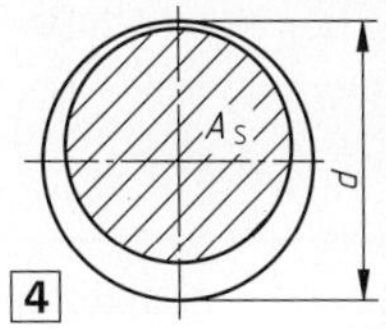


4

Bei der Festigkeitsberechnung (Zug und Druck) von metrischen ISO-Spitzgewinden (DIN 13) wird mit dem Spannungsquerschnitt $A_S$, bei allen anderen Gewinden (z. B. Trapezgewinde nach DIN 103) wird mit dem Kernquerschnitt $A_K$ gerechnet. ⟶ T1

| | | |
|---|---|---|
| $d$ | Nenndurchmesser | mm |
| $d_2$ | Flankendurchmesser | mm |
| $d_3$ | Kerndurchmesser (Bolzen) | mm |

⟶ 53.1 ⟶ $S$ durch $A_K$ bzw. $A_S$ ersetzen!

# 54 Flächenpressung und Lochleibung

⟶ 60

## 54.1 Flächenpressung an ebenen Flächen

$$\sigma_{pvorh} = \frac{F}{A}$$ **ebene Flächenpressung** in N/mm²

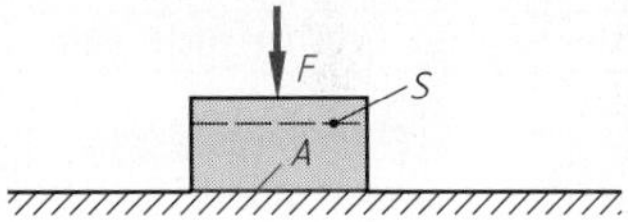


5

Flächenpressung ist die Druckspannung an den Berührungsflächen zweier Bauteile.

| | | |
|---|---|---|
| $F$ | Anpreßkraft | N |
| $A$ | Berührungsfläche | mm² |
| $S$ | Querschnittsfläche | mm² |

**Regel:** $S$ = Querschnittsfläche (Ausnahmen $A_K$, $A_S$); $A$ = Oberflächen ⟶ DIN 1304

## 54.2 Flächenpressung an geneigten Flächen

$$\sigma_{pvorh} = \frac{F}{A_{proj}} = \frac{F}{A \cdot \cos\beta}$$ **vorhandene Flächenpressung** in N/mm²

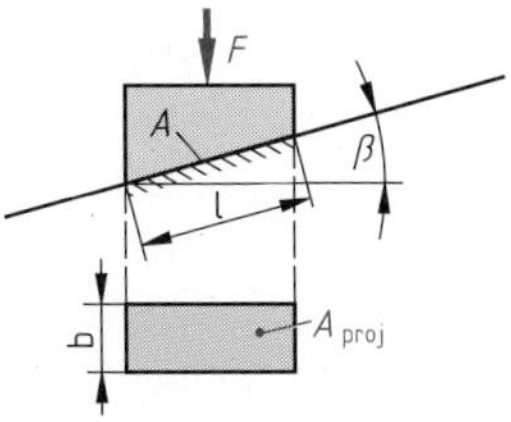


6

An geneigten Flächen errechnet sich $\sigma_p$ durch die Division der axialen Kraft $F$ und der senkrechten Projektion $A_{proj}$ der Preßfläche $A$.

| | | |
|---|---|---|
| $A_{proj}$ | projizierte Fläche (z. B.: $l \cdot b$) | mm² |
| $F$ | axiale Kraft | N |
| $A$ | tatsächliche Fläche | mm² |

FESTIGKEITSLEHRE

## 54.3 Flächenpressung bei Gewinden → 29 43 53

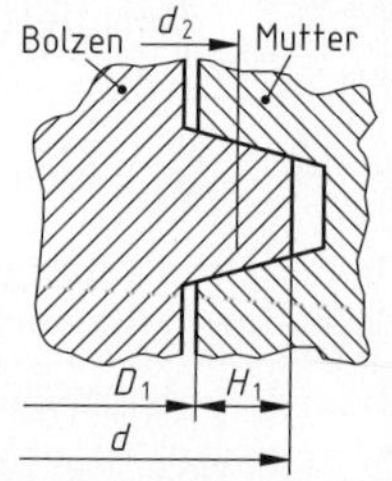


1

$A_{proj} = i \cdot \pi \cdot d_2 \cdot H_1$ **senkrechte Projektion aller Gewindegänge** in mm²

Die Berechnung erfolgt wie bei **geneigten Flächen**. Somit:

$$\sigma_{pvorh} = \frac{F}{i \cdot \pi \cdot d_2 \cdot H_1}$$ **Gewindeflächenpressung** in N/mm²

$$i_{erf} = \frac{F}{\pi \cdot \sigma_{p\,zul} \cdot d_2 \cdot H_1}$$ **Anzahl der erforderlichen Gewindegänge**

$$m_{erf} = i_{erf} \cdot P$$

$$m_{erf} = \frac{F \cdot P}{\pi \cdot \sigma_{pzul} \cdot d_2 \cdot H_1}$$

**erforderliche Mutterhöhe** bzw. **Gewindelänge (Einschraubtiefe)** in mm

| | | |
|---|---|---|
| $i$ | Anzahl der Gewindegänge | 1 |
| $d_2$ | Flankendurchmesser (→ T1) | mm |
| $H_1$ | Flankenüberdeckung (→ T1) | mm |
| $F$ | axiale Schraubenkraft | N |
| $m$ | Mutterhöhe bzw. Gewindelänge | mm |
| $\sigma_{p\,zul}$ | zulässige Flächenpressung | N/mm² |
| $P$ | Gewindesteigung (→ T1) | mm |

## 54.4 Flächenpressung an gewölbten Flächen und Lochleibung → 60

Bei nicht vernachlässigbarer Verformung: **Hertzsche Gleichungen** → 60. Ansonsten:

$$\sigma_{pm} = \frac{F}{A_{proj}}$$ **mittlere Flächenpressung an gewölbten Flächen** in N/mm²

$A_{proj} = d \cdot s$ **Zylinderprojektion**

$$A_{proj} = \frac{\pi}{4} \cdot d^2$$ **Kugelprojektion**

| | | |
|---|---|---|
| $F$ | Anpreßkraft | N |
| $A_{proj}$ | projizierte Fläche | mm² |
| $d$ | Zylinder- bzw. Kugeldurchmesser | mm |
| $s$ | Zylinderlänge | mm |

Bei Nietverbindungen und Paßschrauben heißt $\sigma_{pm}$ auch **Lochleibungsspannung** oder **Lochleibungsdruck**.

# 55 Beanspruchung auf Abscherung

→ 69 76

$$\tau_a = \frac{F}{S}$$ **Scherspannung** in N/mm²

| | | |
|---|---|---|
| $F$ | Scherkraft | N |
| $S$ | Scherquerschnitt | mm² |

**Scherquerschnitt**, d. h. der **gefährdete Querschnitt** ist der Bauteilquerschnitt, der im Zerstörungsfall durchtrennt wird.

# Verformungen infolge von Beanspruchungen

# 56 Das Hookesche Gesetz für Zug und Druck

→ 53

## 56.1 Arten der Verformungen als Ursache von Kräften und Momenten

Verformungen bei **Zug** und **Druck** → Verlängerung bzw. Verkürzung → in diesem Punkt 56
Verformungen bei **Scherung** → Verschiebung → 60
Verformungen bei **Flächenpressung** → Einbuchtung → 60
Verformungen bei **Biegung** → Durchbiegung → 68
Verformungen bei **Torsion** → Verdrehung → 70
Verformungen bei **Knickung** → Ausbiegung → 72 73

zu unterscheiden: **elastische Verformung** → völlige Rückverformung nach Entlastung.
**plastische Verformung** → vollkommene oder teilweise bleibende Verformung nach Entlastung (z. B. **Umformtechnik**).

In der Festigkeitslehre wird grundsätzlich von einer elastischen Verformung der Bauteile ausgegangen. Deswegen → **Festigkeits- und Elastizitätslehre**.

FESTIGKEITSLEHRE

### 56.2 Dehnung und Verlängerung; Hookesches Gesetz ⟶ 57 58

$\varepsilon = \frac{\Delta l}{l_0}$ **Dehnung** $\Delta l = l - l_0$ **Längenänderung** in mm

$\varepsilon = \frac{\Delta l}{l_0} \cdot 100$ **Dehnung** in %

$\varepsilon = \alpha \cdot \sigma$ **Hookesches Gesetz** ⟶ $\alpha = \frac{1}{E}$ Somit:

$\varepsilon = \frac{1}{E} \cdot \sigma = \frac{\sigma}{E}$ **Hookesches Gesetz**

$\varepsilon = \frac{1}{E} \cdot \sigma^n$ **Bach-Schüle-Potenzgesetz**

$n = 1$: Hooke, z. B. alle Stähle
$n < 1$: z. B. Leder, viele Kunststoffe
$n > 1$: z. B. GG, Cu, Steine, Mörtel

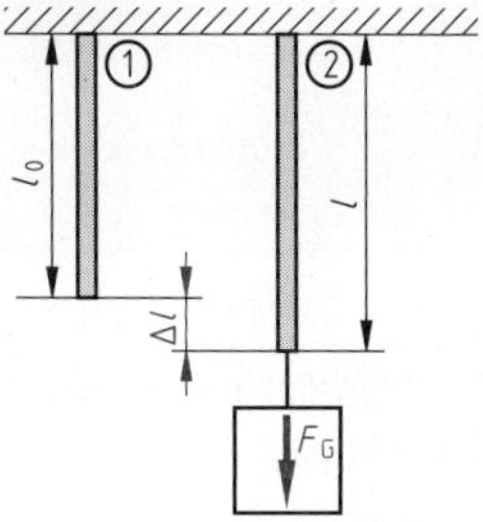

1

| | | |
|---|---|---|
| $\Delta l$ | Längenänderung | mm |
| $l_0$ | Ausgangslänge | mm |
| $l$ | Endlänge | mm |
| $E$ | Elastizitätsmodul ⟶ Tabelle (unten) | N/mm² |
| $\sigma$ | Spannung (Zug oder Druck) | N/mm² |
| $n$ | Exponent | 1 |

| Werkstoff (20 °C) | *E*-**Modul** in N/mm² | Werkstoff (20 °C) | *E*-**Modul** in N/mm² |
|---|---|---|---|
| Al, rein | 64000 ··· 70000 | Mg, rein | 39000 ··· 40000 |
| Al-Legierungen | 66000 ··· 83000 | Mg-Legierungen | 42000 ··· 44000 |
| Blei | 14000 ··· 17000 | Messing | 78000 ··· 98000 |
| Federstahl | 205000 ··· 215000 | Nickelin | 127000 ··· 130000 |
| Flußstahl | 196000 ··· 215000 | Rotguß | 88000 ··· 90000 |
| Gußeisen | 73000 ··· 102000 | Stahlguß, unlegiert | 196000 ··· 210000 |
| Kupfer | 122000 ··· 123000 | Tombak | 98000 ··· 100000 |

## 57 Querkontraktion

⟶ 56 70

$\varepsilon_q = \frac{\Delta d}{d_0}$ bzw. $\varepsilon_q = \frac{\Delta s}{s_0}$ **Querkontraktion**

$\mu = \frac{\varepsilon_q}{\varepsilon}$ **Poissonsche Zahl** ⟶ 70 (s. Tabelle)
Somit:

$\varepsilon_q = \mu \cdot \varepsilon = \mu \cdot \frac{\Delta l}{l_0}$ **Querkontraktion**, auch **Querdehnung, Querkürzung**

| Werkstoff | Poissonsche Zahl $\mu$ |
|---|---|
| Stahl, beinahe alle Metalle | 0,3 |
| Grauguß | 0,11 ··· 0,25 |
| Beton | 0,17 |

**Beispiele für Stabquerschnitte:**

2
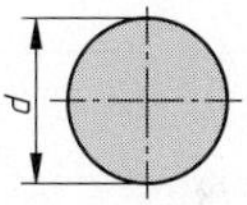


3
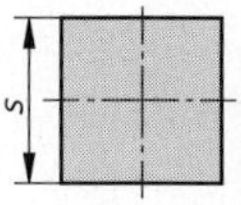


| | | |
|---|---|---|
| $d$ | Enddurchmesser | mm |
| $d_0$ | Ausgangsdurchmesser | mm |
| $s$ | Endkantenlänge | mm |
| $s_0$ | Ausgangskantenlänge | mm |
| $\varepsilon$ | Dehnung ⟶ 56 | 1 |
| $l$ | Endlänge | mm |
| $l_0$ | Ausgangslänge | mm |

## 58 Belastungsgrenzen

⟶ 73 75 78 79 80

### 58.1 Spannungs-Dehnungs-Diagramm

(Bild 4)

| Punkt im $\sigma$, $\varepsilon$-Diagramm | Grenzspannung in N/mm² |
|---|---|
| P ⟶ Proportionalitätsgrenze | $\sigma_P$ |
| E ⟶ Elastizitätsgrenze | $\sigma_E$ |
| S ⟶ Streckgrenze oder Fließgrenze | $R_e$ |
| B ⟶ Zugfestigkeit | $R_m$ |
| D ⟶ 0,2%-Dehngrenze | $R_{P0,2}$ |

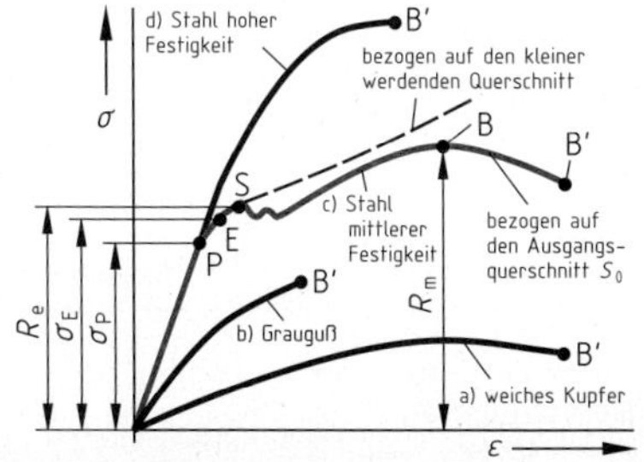

4

FESTIGKEITSLEHRE

Beim Erreichen von $R_{p0,2}$ ist die bleibende Dehnung $\varepsilon = 0{,}2\%$. Dieser Kennwert ist nur bei hochfesten Stählen relevant, da hier eine ausgeprägte Streckgrenze (Fließgrenze) $R_e$ fehlt.

$R_m = \frac{F_m}{S_0}$ **Zugfestigkeit** in N/mm²

| | | |
|---|---|---|
| $F_m$ | Höchstzugkraft | N |
| $S_0$ | Probenquerschnitt am Anfang | mm² |

## 58.2 Die drei Belastungsfälle und die statische Sicherheit

Belastungsfall I → statische (ruhende) Beanspruchung → in diesem Punkt 58

Belastungsfall II → dynamische Beanspruchung schwellend → 78 79

Belastungsfall III → dynamische Beanspruchung wechselnd → 78 79

Die **zulässige Spannung** ergibt sich durch Division der Grenzspannung durch die Sicherheit $\nu$.

Diesem Grundsatz entsprechend ergibt sich **bei statischer** (ruhender) **Beanspruchung**:

$\sigma_{z\,zul} = \frac{R_e}{\nu}$ → zäher Werkstoff mit ausgeprägter Fließgrenze

$\sigma_{z\,zul} = \frac{R_{p\,0,2}}{\nu}$ → zäher Werkstoff ohne ausgeprägte Fließgrenze

} $\nu$ zwischen 1,2 und 2,2

$\sigma_{z\,zul} = \frac{R_m}{\nu}$ → spröder Werkstoff → $\nu$ zwischen 2 und 5

**zulässige Spannungen**
**Sicherheitszahlen** } **Verbindliche Angaben** befinden sich nur in einschlägigen Normen, z. B. für Baustähle, u. a. in DIN 17100. Zuverlässige Zahlenwerte auch in maschinentechnischen Handbüchern wie z. B. Dubbel, Hütte oder Tabellenbüchern.

Zwei Beispiele zeigt die folgende Tabelle:

| Festigkeitswert, Beanspruchungsart und Belastungsfall | | | St 50-2 | GG-26 |
|---|---|---|---|---|
| Zugfestigkeit $R_m$ in $\frac{N}{mm^2}$ | | | 500 ··· 660 | 260 |
| Streckgrenze $R_e$ in $\frac{N}{mm^2}$ | | | 280 | – |
| Zulässige Spannung in $\frac{N}{mm^2}$ | | | ↓ | ↓ |
| Zug → | $\sigma_{z\,zul}$ für | Belastungsfall I | 130 ··· 210 | 60 ··· 90 |
| | | Belastungsfall II | 85 ··· 135 | 50 ··· 70 |
| | | Belastungsfall III | 60 ··· 95 | 30 ··· 50 |
| Druck → | $\sigma_{d\,zul}$ für | Belastungsfall I | 130 ··· 210 | 150 ··· 210 |
| | | Belastungsfall II | 85 ··· 135 | 100 ··· 135 |
| | | Belastungsfall III | 60 ··· 95 | 30 ··· 50 |
| Biegung → | $\sigma_{b\,zul}$ für | Belastungsfall I | 140 ··· 220 | 100 ··· 135 |
| | | Belastungsfall II | 90 ··· 150 | 60 ··· 90 |
| | | Belastungsfall III | 65 ··· 105 | 35 ··· 60 |
| Abscheren → | $\tau_{a\,zul}$ für | Belastungsfall I | 110 ··· 165 | 70 ··· 100 |
| | | Belastungsfall II | 70 ··· 100 | 50 ··· 75 |
| | | Belastungsfall III | 50 ··· 75 | 30 ··· 50 |
| Torsion → | $\tau_{t\,zul}$ für | Belastungsfall I | 80 ··· 125 | 70 ··· 100 |
| | | Belastungsfall II | 50 ··· 85 | 50 ··· 75 |
| | | Belastungsfall III | 40 ··· 60 | 30 ··· 50 |

**Richtwerte** für den **Belastungsfall I** }

Stahl: $\sigma_{z\,zul} = (0{,}4 \cdots 0{,}6) \cdot R_m$ Stahl: $\tau_{aB} = 0{,}85 \cdot R_m$

Stahl und NE: $\sigma_{d\,zul} = \sigma_{z\,zul}$ GG: $\tau_{aB} = 1{,}1 \cdot R_m$

### 58.3 Übliche Indizes bei Festigkeitsberechnungen

**zul** = zulässig; **erf** = erforderlich; **gew** = gewählt; **vorh** = vorhanden;
**z** = Zug; **d** = Druck; **K** = Knickung; **b** = Biegung; **a** = Scherung; **t** = Torsion;
**B** = Bruchspannung (Ausnahme bei Zug: $R_m$)

**Beispiele:** $\tau_{aB}$, $\sigma_{d\,zul}$, $d_{gew}$, $s_{erf}$, $\tau_{t\,vorh}$

## 59 Wärmespannung und Formänderungsarbeit

→ 40 56

### 59.1 Wärmespannung → 56

$\sigma = E \cdot \alpha \cdot \Delta\vartheta$ **Wärmespannung** in N/mm²

$\Delta l = l_0 \cdot \alpha \cdot \Delta\vartheta$ **Längenänderung** bei **Temperaturdifferenz**

| | | |
|---|---|---|
| $l_0$ | Ausgangslänge | mm |
| $\alpha$ | Wärmedehnzahl = linearer Wärmeausdehnungskoeffizient (s. Tabelle T2 im Anhang) | m/(m · °C) m/(m · K) |
| $\Delta\vartheta$ | Temperaturdifferenz | °C = K |
| $E$ | Elastizitätsmodul | N/mm² |

### 59.2 Formänderungsarbeit im Hookeschen Bereich → 40

$$W_f = \frac{F \cdot \Delta l}{2}$$

$$W_f = \frac{\sigma^2 \cdot V}{2 \cdot E}$$

$$W_f = \frac{c}{2} \cdot (\Delta l)^2$$

**Formänderungsarbeit** in N mm

| | | |
|---|---|---|
| $F$ | Zugkraft | N |
| $\Delta l$ | Längenänderung | mm |
| $\sigma$ | Spannung im gedehnten Bauteil | N/mm² |
| $V$ | Volumen des gedehnten Stabes gleichen Querschnittes | mm³ |
| $E$ | Elastizitätsmodul | N/mm² |
| $c$ | Federrate (**Federkonstante**) | N/mm |

## 60 Verformung bei Scherung und Flächenpressung

→ 54 55 56 57 70

### 60.1 Hookesches Gesetz für Scherbeanspruchung (Schub) → 55 56 57 70

$$\tau_a = \gamma \cdot G = \frac{\Delta s}{l_0} \cdot G = \frac{F}{S}$$ **Scherspannung** in N/mm²

$$\gamma = \frac{\Delta s}{l_0}$$ **Gleitung**

$G = 0{,}385 \cdot E$ **Gleitmodul** in N/mm² → 70

| | | |
|---|---|---|
| $\gamma$ | Gleitung | 1 |
| $G$ | Gleitmodul (s. Tabelle) | N/mm² |
| $\Delta s$ | Verschiebung | mm |
| $l_0$ | Abstand der Scherkräfte | mm |
| $F$ | Scherkraft | N |
| $S$ | Scherquerschnitt | mm² |
| $E$ | Elastizitätsmodul | N/mm² |

Der **Gleitmodul** → Tabelle wird auch als **Schubmodul** oder **Gestaltmodul** bezeichnet.

***G*-Module bei 20 °C:**

| Werkstoff | $G$ in N/mm² | Werkstoff | $G$ in N/mm² |
|---|---|---|---|
| Bronze | 44000 | Kupfer | 41000 |
| Federstahl | 83000 | Messing | 34000 |
| Flußstahl | 79000 | Rotguß | 31000 |
| Grauguß | 28000 ··· 39000 | Stahlguß | 81000 |

### 60.2 Die Hertzschen Gleichungen → 54

**Linienpressung** (Zylinder):

$$\sigma_{p\,max} = 0{,}591 \cdot \sqrt{\frac{F \cdot E}{l \cdot d_1} \cdot \left(1 + \frac{d_1}{d_2}\right)}$$

**Punktpressung** (Kugel):

$$\sigma_{p\,max} = 0{,}616 \sqrt[3]{\frac{F \cdot E^2}{d_1^2} \cdot \left(1 + \frac{d_1}{d_2}\right)^2}$$

**größte Flächenpressung** in N/mm²

$$E = \frac{2 \cdot E_1 \cdot E_2}{E_1 + E_2}$$ **zusammengesetzter Elastizitätsmodul** in N/mm²

| | | |
|---|---|---|
| $F$ | Anpreßkraft | N |
| $E$ | Elastizitätsmodul bei zwei verschiedenen Werkstoffen (1 und 2) muß mit dem **zusammengesetzten *E*-Modul** gerechnet werden! | N/mm² |
| $l$ | Länge des Zylinders (Linie) | mm |
| $d_1$ | kleiner Zylinderdurchmesser bzw. kleiner Kugeldurchmesser | mm |
| $d_2$ | großer Zylinderdurchmesser bzw. großer Kugeldurchmesser | mm |

Die Hertzschen Gleichungen berücksichtigen die bei der Flächenpressung auftretenden Verformungen.

# 61 Auf Biegung beanspruchte Bauteile

→ 4 15 22 23 24 62 63 64 65 66 67 68 75 76 77

## 61.1 Träger und Trägerlagerung → 4 15 22 23 24 65 66

Beanspruchung eines **Trägers (Balken)**: auf **Biegung**. Weitere Beanspruchungen können sich überlagern, der Träger ist dann **zusammengesetzt beansprucht**. → 75 76 77

$\Sigma F_x = 0$ $\Sigma F_y = 0$ $\Sigma M_d = 0$ **Trägergleichgewicht** → 9 13 20

Ein Träger ist **statisch bestimmt**, wenn nicht mehr als drei Auflagerunbekannte vorhanden sind. → 20

# 62 Die Biegespannung

→ 63 64 65 66 67 68 75 76 77

## 62.1 Verteilung und Berechnung der Biegespannung

Die Biegespannung erreicht ihren Höchstwert $\sigma_{b\,max}$ im größten **Abstand *e*** von der Biegeachse. → 69

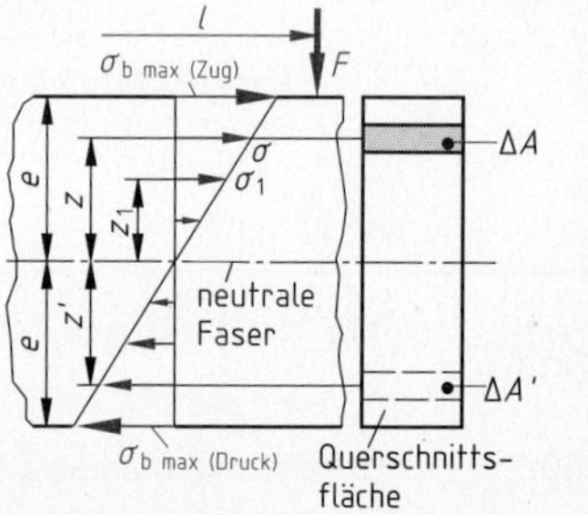


1

$\sigma_{b\,max} = M_b \cdot \frac{e}{I}$ **maximale Biegespannung** in N/mm²

$I = \Sigma \Delta A \cdot z^2$ **Flächenmoment 2. Grades** in mm⁴ (Flächenträgheitsmoment) → 63.3

$W = \frac{I}{e}$ **Widerstandsmoment** in mm³ → 63.3

$\sigma_b = \frac{M_b}{W}$ **Biegehauptgleichung**

$\sigma_{b\,zul} = \frac{\sigma_{bB}}{\nu_B}$

$\sigma_{b\,zul} = \frac{\sigma_{bF}}{\nu_F}$

} **zulässige Biegespannung** in N/mm²

In den **Stahlbautabellen → Anhang** T 3 ist stets das Widerstandsmoment angegeben, welches zu dem rechnerisch größtmöglichen Biegespannungswert führt.

| | | |
|---|---|---|
| $M_b$ | Biegemoment → 65 66 | N mm |
| $e$ | Randabstand | mm |
| $I$ | Flächenträgheitsmoment | mm⁴ |
| $\Delta A$ | Teilfläche | mm² |
| $z$ | Abstand der Teilfläche von der Biegeachse | mm |
| $W$ | Widerstandsmoment | mm³ |
| $\sigma_{bB}$ | Biegebruchspannung | N/mm² |
| $\sigma_{bF}$ | Fließgrenze bei Biegung | N/mm² |
| $\nu_B$ | Sicherheit gegen Bruch | 1 |
| $\nu_F$ | Sicherheit gegen Fließen | 1 |

## 62.2 Bedingungen für die Anwendbarkeit der Biegehauptgleichung

a) Lastebene ist Symmetrieebene, d. h. **keine schiefe Biegung** → 64
b) Trägerachse muß gerade sein.
c) Beanspruchung im Hookeschen Bereich, d. h. $\sigma = \varepsilon \cdot E$ → 56

# 63 Rechnerische Ermittlung von Trägheits- und Widerstandsmomenten

→ 47

## 63.1 Äquatoriales und polares Trägheitsmoment

$J_x = \Sigma \Delta A \cdot y^2$

$J_y = \Sigma \Delta A \cdot x^2$

} zu Bild 2, in mm⁴: **äquatoriale Trägheitsmomente (Flächenmomente 2. Grades** bzw. **Flächenträgheitsmomente)**

$J_p = \Sigma \Delta A \cdot r^2$ **polares Trägheitsmoment** (Bild 3)

$J_p = J_x + J_y$ **polares Trägheitsmoment** in mm⁴

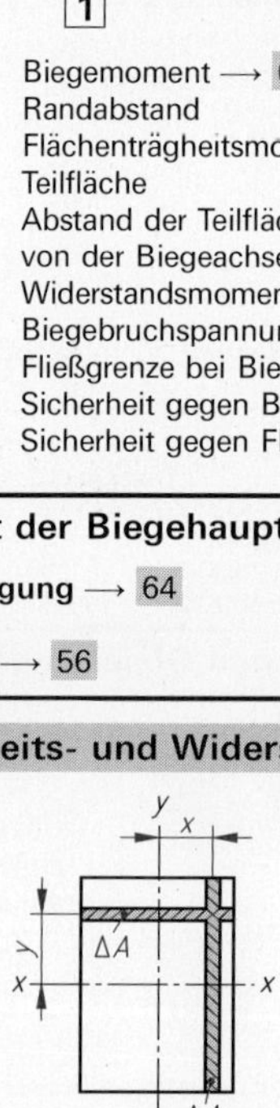


2

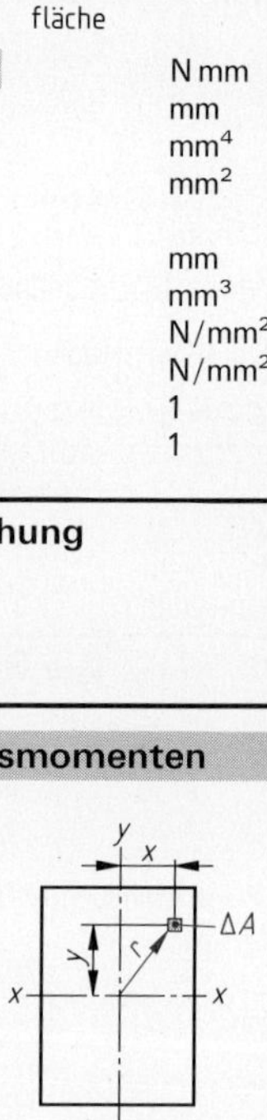


3

## 63.2 Der Verschiebungssatz von Steiner → 47

$I_a = I_x + A \cdot r^2$ **Trägheitsmoment (Flächenmoment 2. Grades)** der Fläche $A$ bezogen auf die Achse a – a in $mm^4$

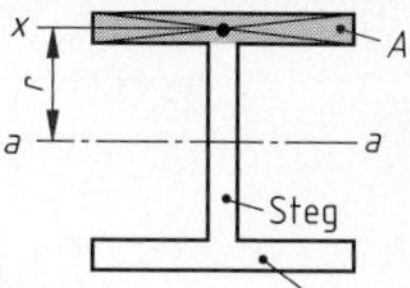


1

Das auf eine beliebige Achse a – a bezogene Flächenmoment 2. Grades $I_a$ errechnet sich aus dem Eigenträgheitsmoment $I_x$ der Fläche plus der Fläche $A$ multipliziert mit dem quadratischen Abstand $r^2$ zwischen Bezugsachse a – a und Schwerachse x – x der Fläche $A$.

In diesem **Verschiebungssatz von Steiner** wird $r$ grundsätzlich von der Bezugsachse bis zur Schwerachse der Fläche $A$ gemessen!

| | | |
|---|---|---|
| $r$ | Abstand Bezugsachse – Schwerachse | mm |
| $A$ | Bezugsfläche | $mm^2$ |
| $I_x$ | Eigenträgheitsmoment (s. Tabelle 63.3) | $mm^4$ |

## 63.3 Flächenmomente 2. Grades (Eigenträgheitsmomente) und Widerstandsmomente

| axiales Flächenmoment 2. Grades $I$ | axiales Widerstandsmoment $W$ | Abmessungen der zu berechnenden Querschnitte |
|---|---|---|
| $I_x = \frac{b \cdot h^3}{12} = \frac{A \cdot h^2}{12}$ <br> $I_y = \frac{b^3 \cdot h}{12} = \frac{A \cdot b^2}{12}$ <br> $I_1 = \frac{b \cdot h^3}{3} = \frac{A \cdot h^2}{3}$ <br> $I_2 = \frac{b \cdot (H^3 - e_1^3)}{3} = I_x + A \cdot e_2^2$ | $W_x = \frac{b \cdot h^2}{6} = \frac{A \cdot h}{6}$ <br> $W_y = \frac{b^2 \cdot h}{6} = \frac{A \cdot h}{6}$ | 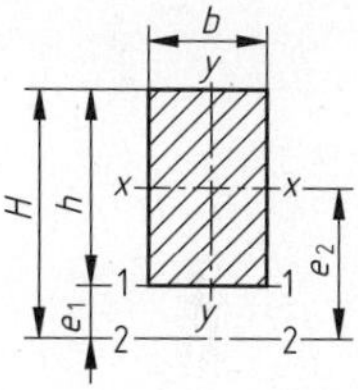 2 |
| $I_x = \frac{b}{12} \cdot (H^3 - h^3)$ <br> $I_y = \frac{b^3}{12} \cdot (H - h)$ | $W_x = \frac{b}{6 \cdot H} \cdot (H^3 - h^3)$ <br> $W_y = \frac{b^2}{6} \cdot (H - h)$ | 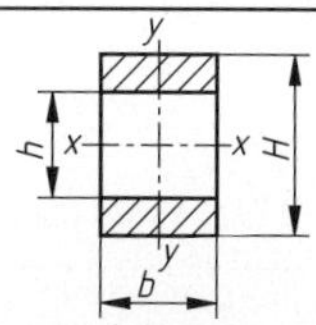 3 |
| $I_x = I_y = I_1 = I_2 = \frac{h^4}{12}$ <br> $I_3 = \frac{h^4}{3}$ | $W_x = W_y = \frac{h^3}{6}$ <br> $W_1 = W_2 = \sqrt{2} \cdot \frac{h^3}{12}$ | 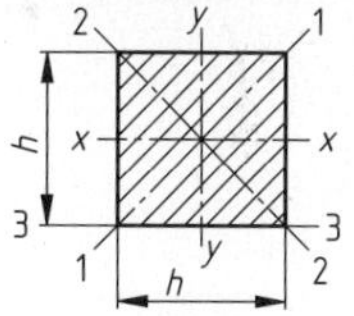 4 |
| $I_x = I_y = I_1 = I_2 = \frac{H^4 - h^4}{12}$ | $W_x = W_y = \frac{H^4 - h^4}{6 \cdot H}$ <br> $W_1 = W_2 = \sqrt{2} \cdot \frac{H^4 - h^4}{12 \cdot H}$ | 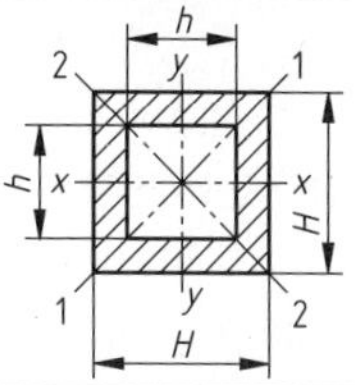 5 |
| $I_x = \frac{1}{12} \cdot (B \cdot H^3 - b \cdot h^3)$ | $W_x = \frac{1}{6 \cdot H} \cdot (B \cdot H^3 - b \cdot h^3)$ | 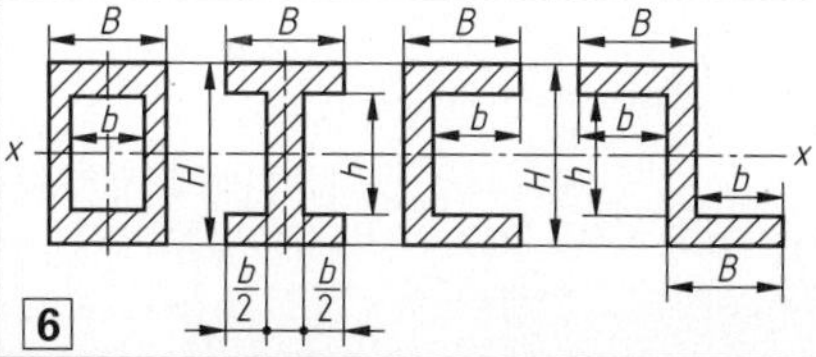 6 |

FESTIGKEITSLEHRE

| axiales Flächenmoment 2. Grades $I$ | axiales Widerstandsmoment $W$ | Abmessungen der zu berechnenden Querschnitte |
|---|---|---|
| $I_x = \frac{1}{12} \cdot (B \cdot H^3 + b \cdot h^3)$ | $W_x = \frac{1}{6 \cdot H} \cdot (B \cdot H^3 + b \cdot h^3)$ | 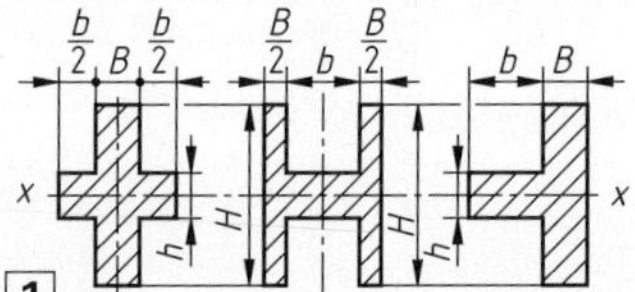 1 |
| $I_x = I_y = \frac{\pi}{64} \cdot d^4 \approx \frac{d^4}{20}$ | $W_x = W_y = \frac{\pi}{32} \cdot d^3 \approx \frac{d^3}{10}$ | 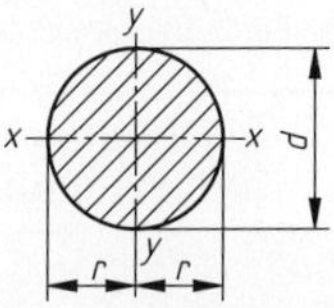 2 |
| $I_x = I_y = \pi \cdot \frac{D^4 - d^4}{64}$ <br> $I_x = I_y \approx \frac{D^4 - d^4}{20}$ | $W_x = W_y = \pi \cdot \frac{D^4 - d^4}{32 \cdot D}$ <br> $W_x = W_y \approx \frac{D^4 - d^4}{10 \cdot D}$ | 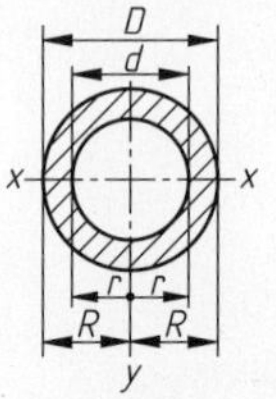 3 |
| $I_x = \frac{\pi}{4} \cdot a^3 \cdot b$ <br> $I_y = \frac{\pi}{4} \cdot a \cdot b^3$ | $W_x = \frac{\pi}{4} \cdot a^2 \cdot b$ <br> $W_y = \frac{\pi}{4} \cdot a \cdot b^2$ | 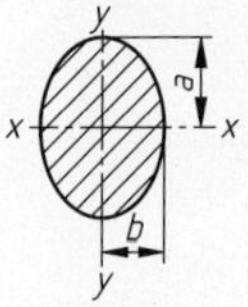 4 |
| $I_x = I_y = \frac{5 \cdot \sqrt{3}}{16} \cdot R^4 \approx 0{,}06 \cdot d^3$ | $W_x \approx 0{,}5413 \cdot R^3$ <br> $W_x \approx 0{,}104 \cdot d^3$ <br> $W_y \approx 0{,}625 \cdot R^3$ <br> $W_y \approx 0{,}12 \cdot d^3$ | 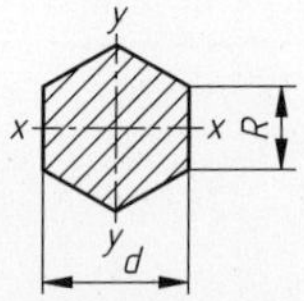 5 |

## 63.4 Trägheits- und Widerstandsmomente zusammengesetzter Flächen

$I = \Sigma I_i = I_1 + I_2 + \cdots$ **Gesamtträgheitsmoment** in mm⁴

Gesamtträgheitsmoment gleich Summe aller Einzelträgheitsmomente.

$I_1 = I_{1\,\text{eigen}} + A_1 \cdot r_1^2$ $\quad I_2 = I_{2\,\text{eigen}} + A_2 \cdot r_2^2$ $\cdots$

$W_{xo} = \frac{I}{e_o}$ $\quad W_{xu} = \frac{I}{e_u}$ **Widerstandsmomente** in mm³

Die beiden Widerstandsmomente errechnen sich aus den Quotienten des Gesamtträgheitsmomentes und der beiden Randabstände.

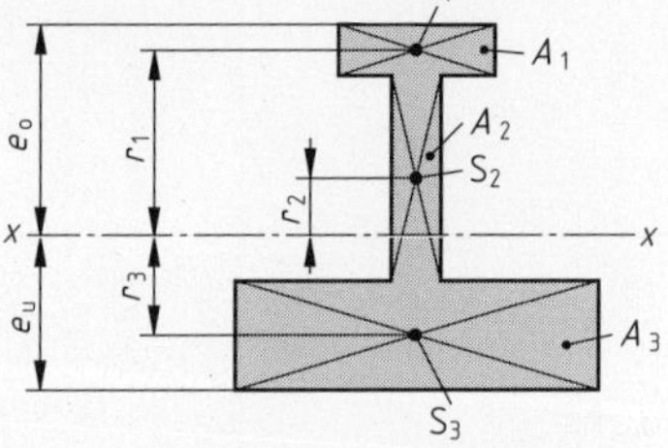

6

FESTIGKEITSLEHRE

# 64 Schiefe Biegung

→ 62

## 64.1 Hauptachsendefinition

$I_{xy} = \Sigma x \cdot y \cdot \Delta A$ **Flächenzentrifugalmoment** in $mm^4$

$I_{xy} = 0$ **Hauptachsendefinition**

Achsen, für die das Flächenzentrifugalmoment $I_{xy} = 0$ ist, heißen **Hauptachsen**.

Hauptachse I liefert $I_{max}$
Hauptachse II liefert $I_{min}$
} $I_{max}$ und $I_{min}$ sind die **Hauptträgheitsmomente** in $mm^4$

Symmetrieachsen sind immer auch Hauptachsen.

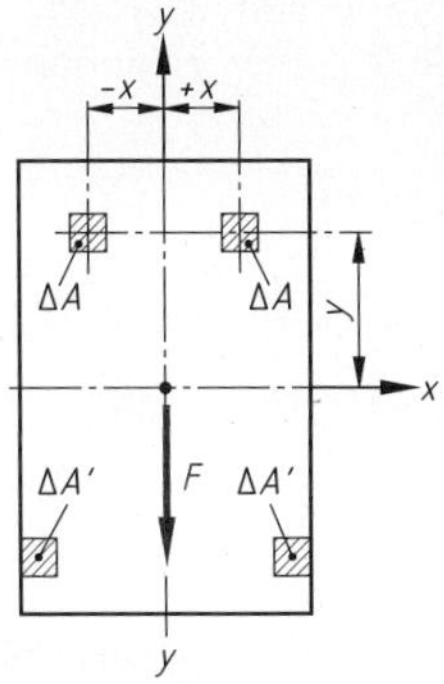


1

## 64.2 Ermittlung der Hauptachsen und der Hauptträgheitsmomente

$\alpha = 90° - \alpha_0$ **Hauptachsenwinkel** in Grad

$\tan 2\alpha_0 = \dfrac{2 \cdot I_{xy}}{I_y - I_x}$ $\alpha_0$: **Komplementwinkel zum Hauptachsenwinkel**

$$I_\xi = \frac{1}{2} \cdot (I_x + I_y) - \frac{1}{2} \cdot (I_x - I_y) \cdot \cos 2\alpha_0 + I_{xy} \cdot \sin 2\alpha_0 \longrightarrow I_{max}$$

$$I_\eta = \frac{1}{2} \cdot (I_x + I_y) + \frac{1}{2} \cdot (I_x - I_y) \cdot \cos 2\alpha_0 - I_{xy} \cdot \sin 2\alpha_0 \longrightarrow I_{min}$$

Zeichnerische Ermittlung $I_\xi$, $I_\eta$ ⟶ **Mohrscher Trägheitskreis**

**Hauptträgheitsmomente von Profilstählen** ⟶ Tabellen-Anhang T3

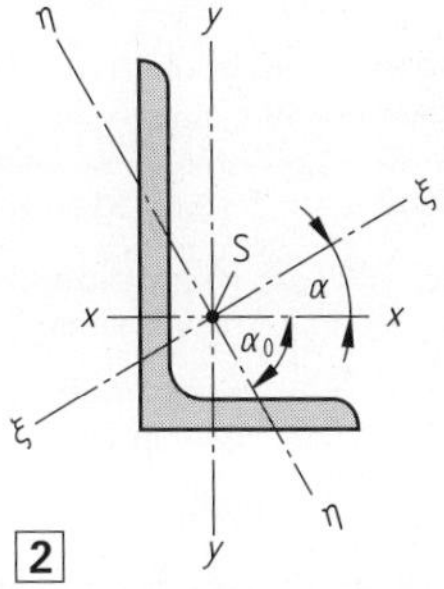


2

## 64.3 Ermittlung der Biegespannung bei schiefer Biegung

### 64.3.1 Lastebene liegt in einer Hauptachse (Bild 3)

**einachsige Biegung** ⟶ **Biegehauptgleichung** anwendbar ⟶ 62

$\sigma_b = \dfrac{M_b}{W}$ **Biegespannung** in $N/mm^2$

$W_{\xi 1} = \dfrac{I_\xi}{w_1}$ $W_{\xi 2} = \dfrac{I_\xi}{w_2}$

$W_{\eta 1} = \dfrac{I_\eta}{v_1}$ $W_{\eta 2} = \dfrac{I_\eta}{v_2}$

} **Widerstandsmomente** in $mm^3$

Maximale Biegespannung am größten Randfaserabstand!

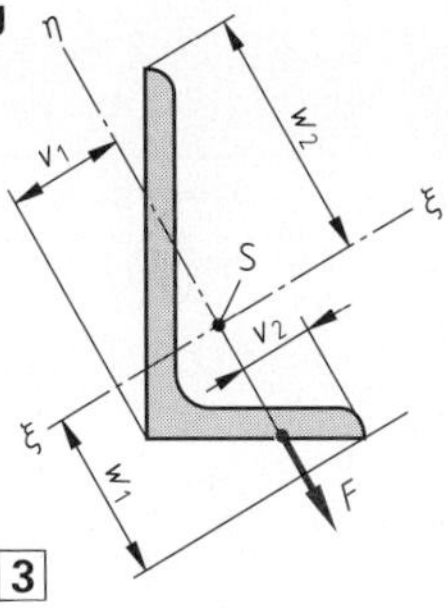


3

### 64.3.2 Lastebene liegt nicht in einer Hauptachse (Bild 4)

**zweiachsige Biegung** ⟶ **schiefe Biegung** ⟶ Biegehauptgleichung nicht anwendbar!

$\sigma_b = \sigma_{bx} + \sigma_{by} = \dfrac{M_{bx}}{W_x} + \dfrac{M_{by}}{W_y}$ ⟶ **Biegespannung bei symmetrischem Querschnitt** (z. B. Quadrat)

$\sigma_b = \sigma_{b\xi} + \sigma_{b\eta} = \dfrac{M_{b\xi}}{W_\xi} + \dfrac{M_{b\eta}}{W_\eta}$ ⟶ **Biegespannung bei unsymmetrischem Querschnitt** (z. B. Bild 4)

**Regel:** Die Biegebeanspruchung sollte möglichst über die Hauptachse mit größtem Trägheitsmoment erfolgen.

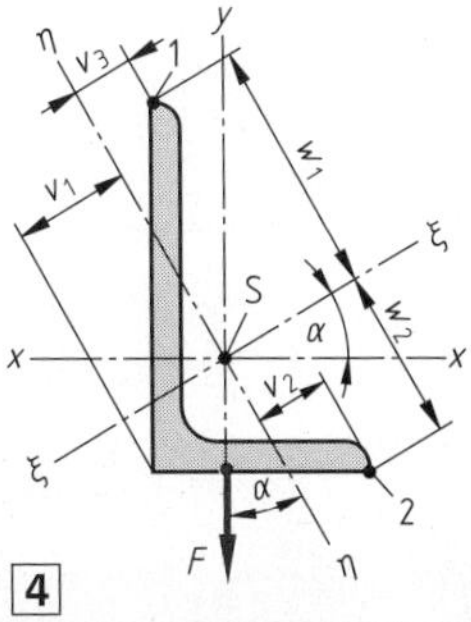


4

FESTIGKEITSLEHRE

# 65 Biegemomenten- und Querkraftverlauf beim Freiträger

→ 61 62 67 68

## 65.1 Vorzeichenregel für Biegemomente (Bild 1) und Querkräfte (Bild 2)

Zugzone oben liegend → $M_b$ **ist negativ** (−) →

Zugzone unten liegend → $M_b$ **ist positiv** (+) →

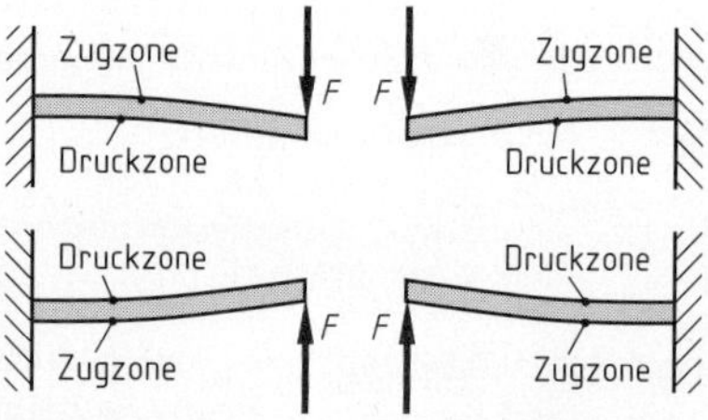


1

Bei einem gedachten Schnitt bewegt sich der rechte Trägerteil nach unten. → $F_q$ **ist positiv** (+) →

Bei einem gedachten Schnitt bewegt sich der rechte Trägerteil nach oben. → $F_q$ **ist negativ** (−) →

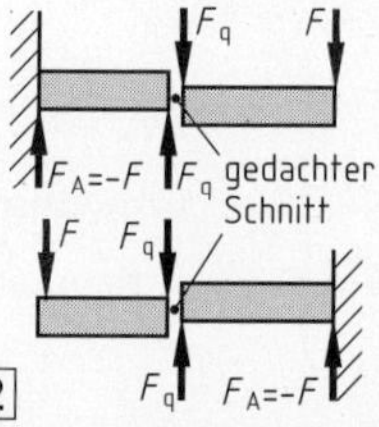


Bei nicht horizontaler Trägerlage wird das gezeichnete System in horizontale Lage gedreht, so daß die obigen Regeln angewendet werden können.

2

## 65.2 Freiträger mit Einzellasten

$M_{AF} = F \cdot l$ **Biegemoment** an der Stelle *A* hervorgerufen durch die Kraft *F*

$M_{xF} = F \cdot x$ **Biegemoment** an der Stelle *x* hervorgerufen durch die Kraft *F*

$F_A = -F$ **Reaktionskraft** in der Einspannung

$F_q = F$ **Querkraft**

Bei mehreren Einzellasten erfolgt Superposition der Einzelschaubilder zum Gesamtschaubild. → 66

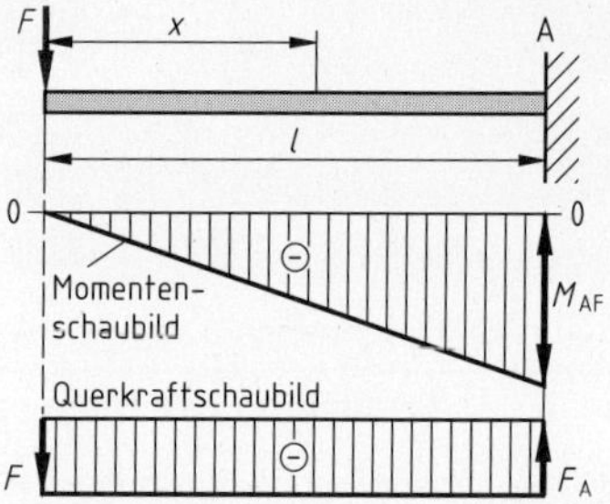


3

## 65.3 Freiträger mit Streckenlast

$F_S = q \cdot l$ $F_x = q \cdot x$ **Trägerbelastung**

$M_{b\,max} = -\dfrac{q \cdot l^2}{2}$ **Biegemoment** in der Einspannung ($M_{bA}$)

$M_{bx} = -\dfrac{q \cdot x^2}{2}$ **Biegemoment** an der Stelle *x*

$F_A = -F_S$ **Reaktionskraft** in der Einspannung

Bei vielen Strecken- und/oder Einzellasten erfolgt ebenfalls Superposition der Einzelschaubilder zum Gesamtschaubild. → 66

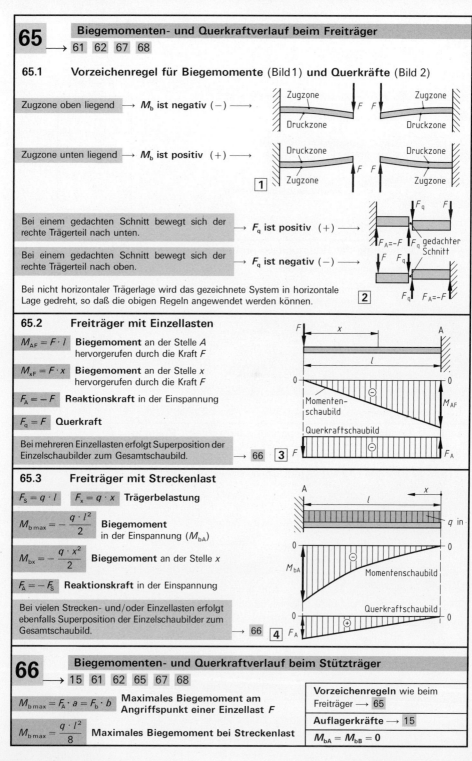

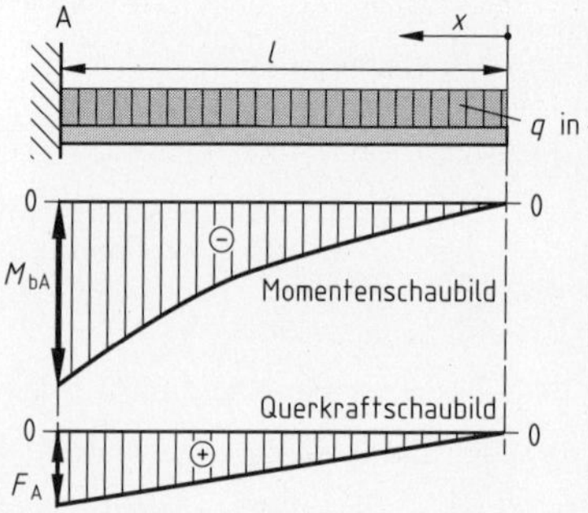


4

# 66 Biegemomenten- und Querkraftverlauf beim Stützträger

→ 15 61 62 65 67 68

$M_{b\,max} = F_A \cdot a = F_b \cdot b$ **Maximales Biegemoment am Angriffspunkt einer Einzellast *F***

$M_{b\,max} = \dfrac{q \cdot l^2}{8}$ **Maximales Biegemoment bei Streckenlast**

| |
|---|
| **Vorzeichenregeln** wie beim Freiträger → 65 |
| **Auflagerkräfte** → 15 |
| $M_{bA} = M_{bB} = 0$ |

$M_{bx} = \frac{q \cdot x}{2} \cdot (l - x)$ **Biegemoment** an der Stelle $x$ bei konstanter Streckenlast ($x$ vom Lager A oder vom Lager B aus gemessen)

**Stützträger mit Mischlast** (Bilder 1 bis 5):

**Lösungsschritte $Q$- und $M$-Schaubild**

1. Auflagerkräfte $F_A$ und $F_B$ ermitteln ⟶ 15
2. Mit gewähltem KM Kräfte nach Lage, Größe und Richtung über einer Bezugslinie (Nullinie 0 – 0) auftragen. Man beginnt dabei z. B. mit der äußersten linken Kraft an der Nullinie und erhält so das **Querkraft-Schaubild** ($Q$-Schaubild). Bild 2.
3. Man denkt sich den Träger an mehreren Stellen (z. B. Lager oder Kraftangriffsstellen) geschnitten und trägt die Momente unter Berücksichtigung der Vorzeichen bezogen auf eine Nulllinie 0 – 0 auf. Man erhält so das **Momentenschaubild** ($M$-Schaubild). Gesamtmomentenschaubild erhält man durch Superposition der Einzelmomentenschaubilder.

Im $Q$-Schaubild sind die Flächen oberhalb und unterhalb der Linie 0 – 0 gleich groß.

Wo die Querkraft die Linie 0 – 0 schneidet, liegt im $M$-Schaubild $M_{b\,max}$.

1 2 3 4 5

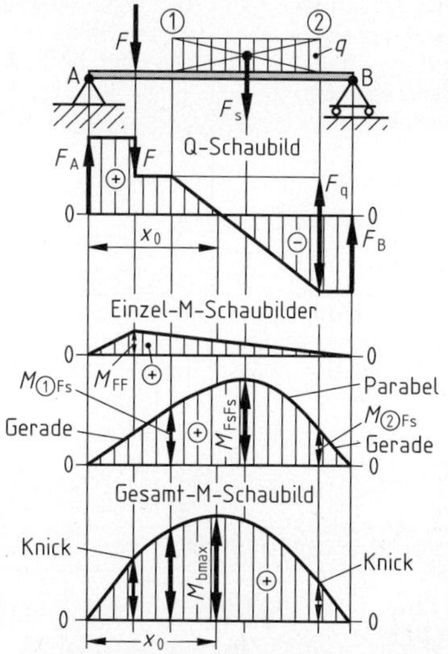


$\Sigma F_y = 0$ ⟶ $x_0$ ⟶ **Lage des maximalen Biegemomentes**

Streckenlasten führen zu einem parabolischen Verlauf der Momentenlinie!

## 67 Träger gleicher Biegespannung

⟶ 62

$\sigma_{bx} = \sigma_{bA}$ **konstante Biegespannung** im gesamten Träger ⟶ **Anformungsgleichung** (Tabelle)

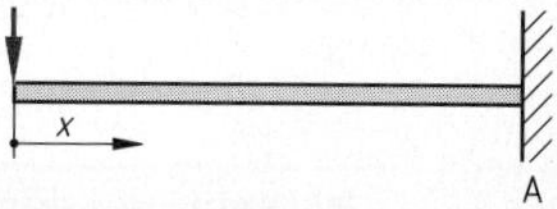


6

| Querschnitt | Belastung und **Anformungsgleichung** | Begrenzung des Trägers | Vorderansicht (und Draufsicht) des Trägers |
|---|---|---|---|
| Rechteckquerschnitt mit konstanter Höhe und veränderlicher Breite. | Freiträger mit Punktlast am Trägerende. $b_x = b_A \cdot \frac{x}{l}$ | gerade: Breite verringert sich linear. | 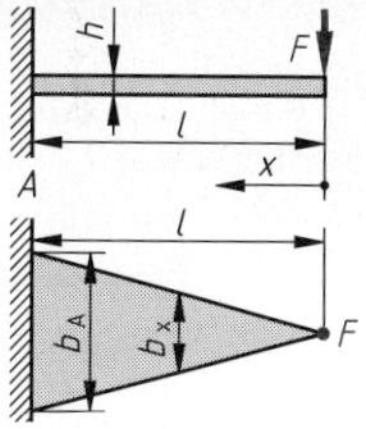  7 |
| Rechteckquerschnitt mit konstanter Breite und veränderlicher Höhe. | Freiträger mit Punktlast am Trägerende. $h_x = h_A \cdot \sqrt{\frac{x}{l}}$ | parabolisch: Höhe verändert sich nicht linear, sondern in der Form einer quadratischen Parabel. | 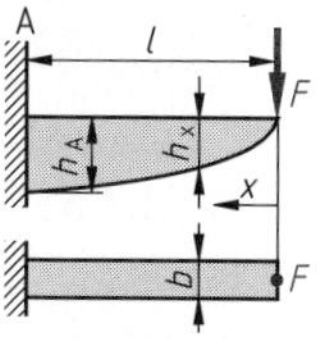  8 |
| Kreisquerschnitt mit veränderlichem Durchmesser. | Freiträger mit Punktlast am Trägerende. $D_x = D_A \cdot \sqrt[3]{\frac{x}{l}}$ | parabolisch: Durchmesser verändert sich nicht linear, sondern in der Form einer kubischen Parabel. | 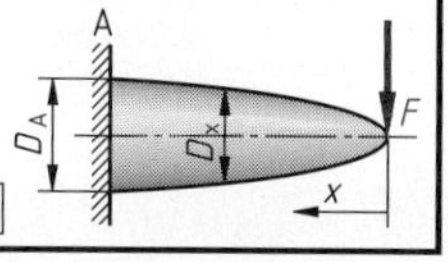  9 |

FESTIGKEITSLEHRE

| Querschnitt | Belastung und **Anformungsgleichung** | Begrenzung des Trägers | Vorderansicht (und Draufsicht) des Trägers |
|---|---|---|---|
| Rechteckquerschnitt mit konstanter Breite und veränderlicher Höhe. | Freiträger mit konstanter Streckenlast über die gesamte Trägerlänge. $h_x = h_A \cdot \frac{x}{l}$ | gerade: Höhe verändert sich linear. | 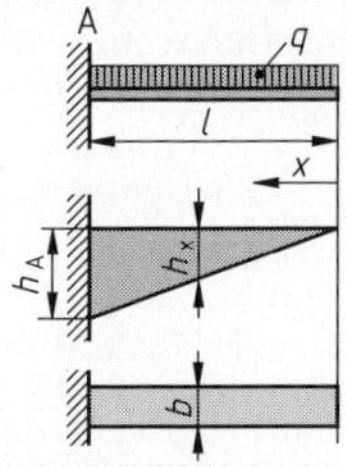  1 |
| Kreisquerschnitt mit veränderlichem Durchmesser. | Stützträger (Träger auf zwei Stützen) mit Punktlast in Trägermitte. $d_x = d_{max} \cdot \sqrt[3]{2 \cdot \frac{x}{l}}$ | parabolisch: Durchmesser verändert sich nicht linear, sondern in Form einer kubischen Parabel. | 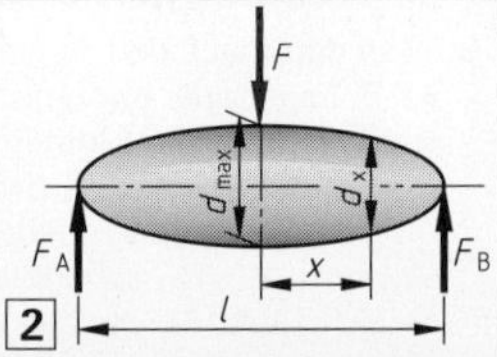  2 |

**Weitere Anformungsgleichungen** ⟶ in maschinentechnischen Handbüchern (z. B. Dubbel, Hütte)

## 68 Verformung bei Durchbiegung

⟶ 56 57 59 60 70

### 68.1 Krümmungsradius und Biegesteifigkeit

$\varrho = \frac{E \cdot I}{M_b}$ **Krümmungsradius der Biegelinie** in mm

$B = E \cdot I$ **Biegesteifigkeit** in N · mm²

$f \sim \frac{1}{\varrho} \sim \frac{n \cdot M_b}{i \cdot E \cdot I}$ **Durchbiegung** in mm ⟶ 68.2

| | | |
|---|---|---|
| $E$ | Elastizitätsmodul | N/mm² |
| $I$ | Flächenmoment 2. Grades (Flächenträgheitsmoment) | mm⁴ |
| $M_b$ | Biegemoment | N mm |
| $f$ | Durchbiegung | mm |
| $n, i$ | Proportionalfaktoren | |

### 68.2 Berechnung der Durchbiegung *f* und des Neigungswinkels *α* der elastischen Linie bei Trägern gleichen Querschnitts

68.2.1 Freiträger mit einer Einzellast am Trägerende (Bild 3)

$f = \frac{F \cdot l^3}{3 \cdot E \cdot I}$ in mm $\alpha = \frac{F \cdot l^2}{2 \cdot E \cdot I}$ in rad

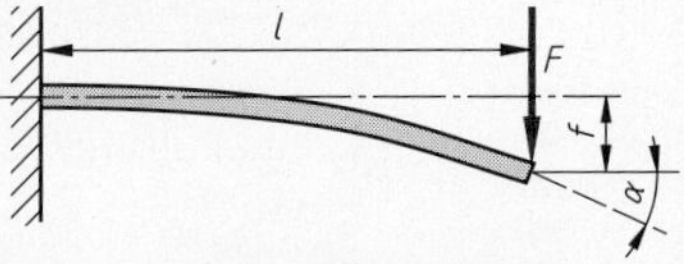

3

68.2.2 Freiträger mit konstanter Streckenlast (Bild 4)

$f = \frac{q \cdot l^4}{8 \cdot E \cdot I}$ in mm $\alpha = \frac{q \cdot l^3}{6 \cdot E \cdot I}$ in rad $q$ in $\frac{N}{m}$

$f_x = \frac{q \cdot l^4}{24 \cdot E \cdot I} \cdot \left[3 - 4 \cdot \frac{x}{l} + \left(\frac{x}{l}\right)^2\right]$ **Durchbiegung bei *x***

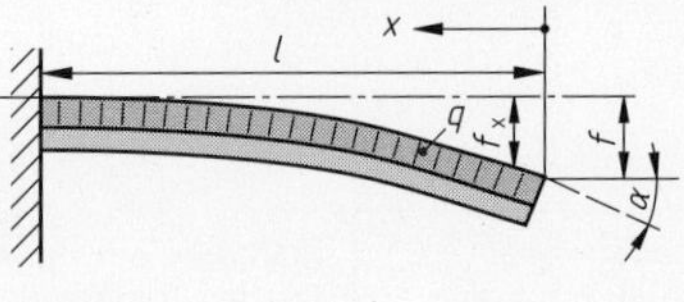

4

68.2.3 Stützträger mit einer Einzellast in Trägermitte (Bild 5)

$f = \frac{F \cdot l^3}{48 \cdot E \cdot I}$ in mm $\alpha = \frac{F \cdot l^2}{16 \cdot E \cdot I}$ in rad

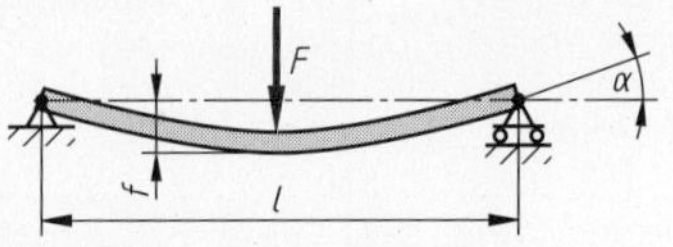

5

68.2.4 Stützträger mit konstanter Streckenlast (Bild 6)

$f = \frac{5}{384} \cdot \frac{q \cdot l^4}{E \cdot I}$ in mm $\alpha = \frac{q \cdot l^3}{24 \cdot E \cdot I}$ in rad

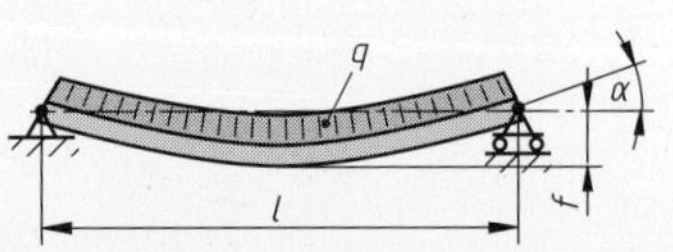

6

**Weitere Gleichungen zur Durchbiegung** ⟶ in maschinentechnischen Handbüchern (z. B. Dubbel, Hütte)

### 68.3 Resultierende Durchbiegung

$f_{ges} = \Sigma F$ **resultierende Durchbiegung bei einachsiger Biegung** ⟶ 62 63

$f_r = \sqrt{f_I^2 + f_{II}^2}$

$\tan\alpha' = \dfrac{f_I}{f_{II}}$

} **Größe und Richtung der Durchbiegung bei zweiachsiger Biegung** ⟶ 64

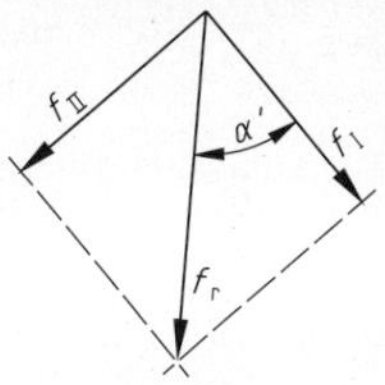


1

## Torsion

## 69 Torsionsspannung

⟶ 62 70

### 69.1 Ermittlung und Wirkung des Torsionsmomentes

Bei Torsionsbeanspruchung wirkt in jedem Querschnitt dem äußeren **Drehmoment $M_d$** ein gleich großes inneres Moment, das **Torsionsmoment $M_t$**, entgegen.

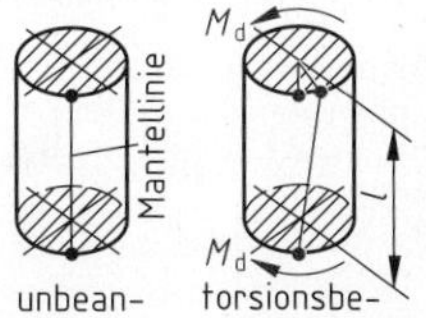


2

$M_d = |M_t|$

$M_t = F \cdot r$ **Torsionsmoment** ⟶ 2 13

$M_t = \dfrac{P}{\omega}$ **Torsionsmoment** ⟶ 45

$v_u = \omega \cdot r$ **Umfangsgeschwindigkeit** ⟶ 44

| | | |
|---|---|---|
| $M_t$ | Torsionsmoment | Nm |
| $F$ | Umfangskraft | N |
| $r$ | Radius | m |
| $P$ | Leistung | W |
| $\omega$ | Winkelgeschwindigkeit | $s^{-1}$ |
| $v_u$ | Umfangsgeschwindigkeit | m/s |

$M_t = 9550 \cdot \dfrac{P}{n}$ **Torsionsmoment** ⟶ 44 (Zahlenwertgleichung)

| | | |
|---|---|---|
| $M_t$ | Torsionsmoment | Nm |
| $P$ | Leistung | kW |
| $n$ | Drehzahl | $min^{-1}$ |

### 69.2 Verteilung und Berechnung der Torsionsspannung

$\dfrac{\tau_t}{\tau} = \dfrac{r}{\varrho}$ ⟶ Im torsionsbeanspruchten Querschnitt nimmt die Spannung linear mit dem Radius zu. ⟶ 62

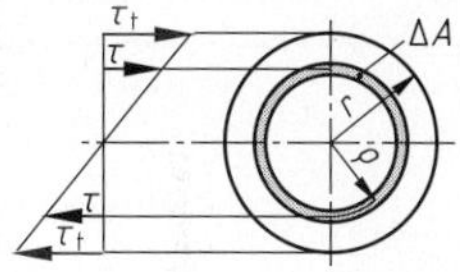


3

$\tau_t = \dfrac{M_t}{W_p}$ **Torsionshauptgleichung**

$W_p = \dfrac{I_p}{r}$ **polares Widerstandsmoment**

$I_p = I_x + I_y$ **polares Trägheitsmoment** ⟶ 63

$W_p = \dfrac{\pi}{16} \cdot d^3 \approx \dfrac{d^3}{5}$ **polares Widerstandsmoment Kreisquerschnitt** (Bild 4)

| | | |
|---|---|---|
| $\tau_t$ | Torsionsspannung | $N/mm^2$ |
| $r$ | größter Radius (Außenradius) | mm |
| $M_t$ | Torsionsmoment | N mm |
| $W_p$ | polares Widerstandsmoment | $mm^3$ |
| $I_p$ | polares Trägheitsmoment | $mm^4$ |
| $I_x$, $I_y$ | äquatoriale Trägheitsmomente (Flächenmomente 2. Grades) | $mm^4$ |

$W_p = \dfrac{\pi}{16} \cdot \dfrac{D^4 - d^4}{D} \approx \dfrac{D^4 - d^4}{5 \cdot D}$ **polares Widerstandsmoment Kreisringquerschnitt** (Bild 5)

4

5

## 70 Verformung bei Torsion

⟶ 57 60 68

$\dfrac{1}{G} = 2 \cdot \dfrac{1/\mu + 1}{1/\mu} \cdot \dfrac{1}{E}$ **Zusammenhang zwischen Gleitmodul und Elastizitätsmodul**

| | | |
|---|---|---|
| $G$ | Gleitmodul ⟶ 60 | $N/mm^2$ |
| $E$ | Elastizitätsmodul ⟶ 56 | $N/mm^2$ |
| $\mu$ | Poissonsche Zahl ⟶ 57 | 1 |

$G = 0{,}385 \cdot E$ ⟶ bei $\mu = 0{,}3$ ⟶ 57 60

Ebenso wie $E$ ist auch $G$ nur im elastischen Bereich der Werkstoffe gültig.

$$\varphi = \frac{M_t \cdot l \cdot 180°}{G \cdot I_p \cdot \pi}$$ **Verdrehwinkel** in Grad

| | | |
|---|---|---|
| $M_t$ | Torsionsmoment | N mm |
| $l$ | Länge des Bauteils | mm |
| $G$ | Gleitmodul | N/mm² |
| $I_p$ | polares Trägheitsmoment ⟶ 63 | mm⁴ |

Die **zulässige Torsionsspannung** $\tau_{z\,zul}$ ⟶ 58 darf bei Einhaltung von $\varphi_{zul}$ nicht überschritten werden! ⟶ Im allgemeinen Maschinenbau ⟶ $\varphi_{zul} = \frac{1}{4} \frac{\text{Grad}}{\text{m}}$

## Beanspruchung auf Knickung

## 71 Knickfestigkeit

⟶ 58 72 73 74

### 71.1 Einspannungsfall und freie Knicklänge

**Knickung** ist ein seitliches Ausweichen eines auf **Druck** beanspruchten Stabes. ⟶ 53

Knickung kann bereits dann eintreten, wenn die zulässige Druckspannung $\sigma_{d\,zul}$ noch nicht erreicht ist.

Hauptkriterium bei Knickung sind die **Einspannungsfälle nach Euler** gemäß Bild 1 und Tabelle:

1

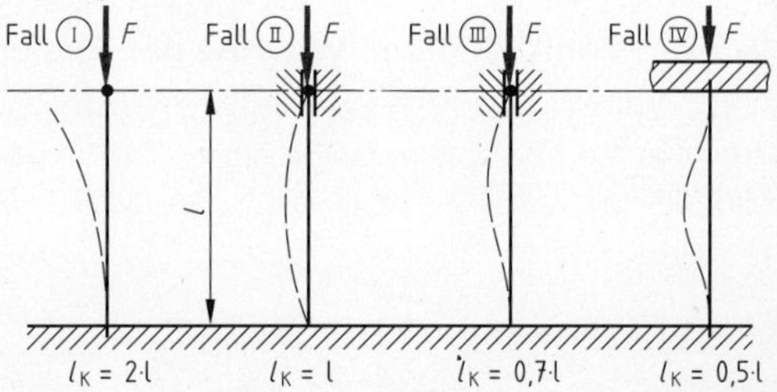


Zuordnung einer **freien Knicklänge** $l_K$ zum Einspannungsfall:

- I ⟶ Stab ist auf einer Seite fest eingespannt, auf der anderen Seite frei ⟶ $l_K = 2 \cdot l$
- II ⟶ Stab ist beidseitig gelenkig gelagert ⟶ $l_K = l$
- III ⟶ Stab ist einseitig eingespannt, auf der anderen Seite gelenkig gelagert ⟶ $l_K = 0{,}7 \cdot l$
- IV ⟶ Stab ist auf beiden Seiten fest eingespannt ⟶ $l_K = 0{,}5 \cdot l$

### 71.2 Trägheitsradius und Schlankheitsgrad

$$i_{min} = \sqrt{\frac{I_{min}}{S}}$$ **kleinster Trägheitsradius** in mm ⟶ Tabelle

$$\lambda = \frac{l_K}{i_{min}}$$ **Schlankheitsgrad**

| | | |
|---|---|---|
| $I_{min}$ | kleinstes Trägheitsmoment (kleinstes Flächenmoment 2. Grades) ⟶ 64 ⟶ Stahlbauprofile T 3) | mm⁴ |
| $S$ | Stabquerschnitt | mm² |
| $l_K$ | freie Knicklänge | mm |

| Querschnitt $S$ | Kreis | Kreisring | Rechteck | Quadrat | **Profilstähle** |
|---|---|---|---|---|---|
| kleinster Trägheitsradius $i_{min}$ | $\frac{d}{4}$ | $\frac{1}{4} \cdot \sqrt{\frac{D^4 - d^4}{D^2 - d^2}}$ | $\sqrt{\frac{h^2}{12}}$ mit $b > h$ | $\frac{a}{3{,}464}$ | **s. Profiltabellen im Anhang T 3** |

## 72 Knickspannung bei elastischer Knickung (Eulerknickung)

⟶ 58 71 73 74

$$\sigma_K = \frac{F_K}{S}$$ **Knickspannung** in N/mm²

$$F_K = \frac{\pi^2 \cdot E \cdot I_{min}}{l_K^2}$$ **Knickkraft** in N

$$\sigma_K = \frac{\pi^2 \cdot E \cdot I_{min}}{l_K^2 \cdot S}$$ **Knickspannung** in N/mm²

| | | |
|---|---|---|
| $\sigma_K$ | Knickspannung | N/mm² |
| $F_K$ | Knickkraft | N |
| $S$ | Stabquerschnitt | mm² |
| $E$ | Elastizitätsmodul ⟶ 56 | N/mm² |
| $I_{min}$ | kleinstes Trägheitsmoment | mm⁴ |
| $l_K$ | freie Knicklänge | mm |
| $\nu_K$ | Knicksicherheit | 1 |
| $\lambda$ | Schlankheitsgrad | 1 |
| $F$ | achsiale Kraft, d. h. Druckkraft (s. nächste Seite) | N |

$\nu_K = \frac{F_K}{F}$ **Knicksicherheit**

$\sigma_K = \frac{\pi^2 \cdot E}{\lambda^2}$ **Knickspannung** in N/mm²

⟶ Formeln auf Seite 56 ⟶ 71 72

$I_{min\,erf} = \frac{\nu_K \cdot F \cdot l_K^2}{E \cdot \pi^2}$ in mm⁴ ⟶ **Dimensionierungsformel bei elastischer Knickung**

# 73 Unelastische Knickung (Tetmajer-Knickung)

⟶ 58 71 72 74

## 73.1 Der Grenzschlankheitsgrad

Bei der **unelastischen Knickung** liegt die Knickspannung über der Proportionalitätsgrenze für Druck $\sigma_{dP}$! ⟶ 58

Diese Grenze wird durch den **Grenzschlankheitsgrad** $\lambda_g$ bestimmt.

$\lambda_g = \sqrt{\frac{\pi^2 \cdot E}{\sigma_{dP}}}$ **Grenzschlankheitsgrad** (Bild 1)

$\lambda_g$ ist werkstoffabhängig ⟶ Tabelle in 73.2

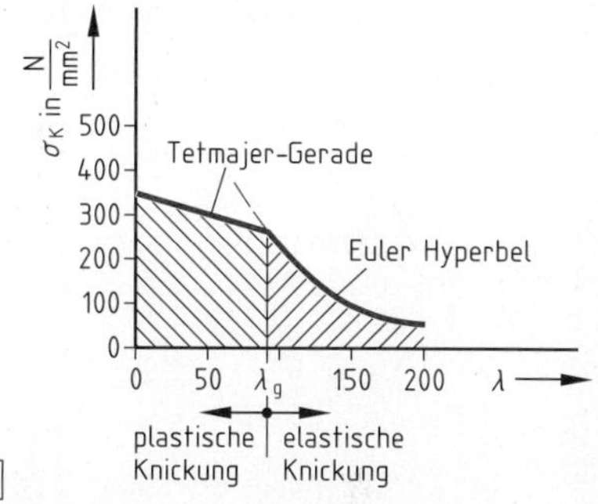


1

## 73.2 Ermittlung der Knickspannung bei unelastischer Knickung

**Entsprechend** dem verwendeten **Werkstoff** werden die **folgenden Tetmajerformeln** verwendet:

| Werkstoff | $E$-Modul in N/mm² | Grenz-Schlankheitsgrad $\lambda_g$ | **Tetmajerformel** für $\sigma_K$ in N/mm² |
|---|---|---|---|
| Grauguß | 100 000 | 80 | $\sigma_K = 776 - 12 \cdot \lambda + 0{,}053 \cdot \lambda^2$ |
| St 37 | 210 000 | 105 | $\sigma_K = 310 - 1{,}14 \cdot \lambda$ |
| St 50 und St 60 | 210 000 | 89 | $\sigma_K = 335 - 0{,}62 \cdot \lambda$ |
| Nickelstahl (bis 5% Ni) | 210 000 | 86 | $\sigma_K = 470 - 2{,}3 \cdot \lambda$ |
| Nadelholz | 10 000 | 100 | $\sigma_K = 29{,}3 - 0{,}194 \cdot \lambda$ |

## 73.3 Rechenschema bei einer Bauteilbeanspruchung auf Knickung

a) $J_{min\,erf}$ mit der Euler-Formel ⟶ 72 berechnen und aus dem errechneten Wert eine erste Dimensionierung vornehmen.

b) Kleinsten Trägheitsradius $i_{min}$ und Schlankheitsgrad $\lambda$ berechnen.

c) Wenn $\boldsymbol{\lambda < \lambda_g}$ **nach Tetmajer**, wenn $\boldsymbol{\lambda \geqq \lambda_g}$ **nach Euler** berechnen.

d) Knicksicherheit $\nu_{K\,vorh}$ ermitteln: $\boldsymbol{\nu_{K\,vorh} = \frac{\sigma_K}{\sigma_{d\,vorh}}}$.

e) Ist $\nu_{K\,vorh} < \nu_{K\,erf}$: durch Schätzung Querschnittsvergrößerung vornehmen.

f) Wurde eine Querschnittsvergrößerung vorgenommen, ab $\lambda$-Berechnung (Punkt b)) neu rechnen.

g) Querschnittsvergrößerungen sind solange fortzusetzen, bis die erforderliche Knicksicherheit $\nu_{K\,erf}$ erreicht ist.

**Notizen:**

# 74 Das Omega-Verfahren ($\omega$-Verfahren)

→ 20 21 22 23 24 71 72 73

Maßgebend für das im **Stahlbau** angewendete **$\omega$-Verfahren**, dort behördlich vorgeschrieben, sind DIN 1050 und DIN 4114. Wichtige Rechengröße ist die **Knickzahl $\omega$**.

Die Knickzahl $\omega$ ist vom verwendeten Werkstoff und vom Schlankheitsgrad $\lambda$ abhängig.

Im Stahlbau wird meist **St 37** und **St 52** verwendet. **Knickzahlen $\omega$ nach DIN 4114** hierfür:

**Knickzahlen $\omega$ für St 37** →

| $\lambda$ | 0 | 1 | 2 | 3 | 4 | 5 | 6 | 7 | 8 | 9 |
|---|---|---|---|---|---|---|---|---|---|---|
| 20 | 1,04 | 1,04 | 1,04 | 1,05 | 1,05 | 1,06 | 1,06 | 1,07 | 1,07 | 1,08 |
| 30 | 1,08 | 1,09 | 1,09 | 1,10 | 1,10 | 1,11 | 1,11 | 1,12 | 1,13 | 1,13 |
| 40 | 1,14 | 1,14 | 1,15 | 1,16 | 1,16 | 1,17 | 1,18 | 1,19 | 1,19 | 1,20 |
| 50 | 1,21 | 1,22 | 1,23 | 1,23 | 1,24 | 1,25 | 1,26 | 1,27 | 1,28 | 1,29 |
| 60 | 1,30 | 1,31 | 1,32 | 1,33 | 1,33 | 1,35 | 1,36 | 1,37 | 1,39 | 1,40 |
| 70 | 1,41 | 1,42 | 1,44 | 1,45 | 1,46 | 1,48 | 1,49 | 1,50 | 1,52 | 1,53 |
| 80 | 1,55 | 1,56 | 1,58 | 1,59 | 1,61 | 1,62 | 1,64 | 1,66 | 1,68 | 1,69 |
| 90 | 1,71 | 1,73 | 1,74 | 1,76 | 1,78 | 1,80 | 1,82 | 1,84 | 1,86 | 1,88 |
| 100 | 1,90 | 1,92 | 1,94 | 1,96 | 1,98 | 2,00 | 2,02 | 2,05 | 2,07 | 2,09 |
| 110 | 2,11 | 2,14 | 2,16 | 2,18 | 2,21 | 2,23 | 2,27 | 2,31 | 2,35 | 2,39 |
| 120 | 2,43 | 2,47 | 2,51 | 2,55 | 2,60 | 2,64 | 2,68 | 2,72 | 2,77 | 2,81 |
| 130 | 2,85 | 2,90 | 2,94 | 2,99 | 3,03 | 3,08 | 3,12 | 3,17 | 3,22 | 3,26 |
| 140 | 3,31 | 3,36 | 3,41 | 3,45 | 3,50 | 3,55 | 3,60 | 3,65 | 3,70 | 3,75 |
| 150 | 3,80 | 3,85 | 3,90 | 3,95 | 4,00 | 4,06 | 4,11 | 4,16 | 4,22 | 4,27 |
| 160 | 4,32 | 4,38 | 4,43 | 4,49 | 4,54 | 4,60 | 4,65 | 4,71 | 4,77 | 4,82 |
| 170 | 4,88 | 4,94 | 5,00 | 5,05 | 5,11 | 5,17 | 5,23 | 5,29 | 5,35 | 5,41 |
| 180 | 5,47 | 5,53 | 5,59 | 5,66 | 5,72 | 5,78 | 5,84 | 5,91 | 5,97 | 6,03 |
| 190 | 6,10 | 6,16 | 6,23 | 6,29 | 6,36 | 6,42 | 6,49 | 6,55 | 6,62 | 6,69 |
| 200 | 6,75 | 6,82 | 6,89 | 6,96 | 7,03 | 7,10 | 7,17 | 7,24 | 7,31 | 7,38 |
| 210 | 7,45 | 7,52 | 7,59 | 7,66 | 7,73 | 7,81 | 7,88 | 7,95 | 8,03 | 8,10 |
| 220 | 8,17 | 8,25 | 8,32 | 8,40 | 8,47 | 8,55 | 8,63 | 8,70 | 8,78 | 8,86 |
| 230 | 8,93 | 9,01 | 9,09 | 9,17 | 9,25 | 9,33 | 9,41 | 9,49 | 9,57 | 9,65 |
| 240 | 9,73 | 9,81 | 9,89 | 9,97 | 10,05 | 10,14 | 10,22 | 10,30 | 10,39 | 10,47 |
| 250 | 10,55 | | | | | | | | | |

**Knickzahlen $\omega$ für St 52** →

| $\lambda$ | 0 | 1 | 2 | 3 | 4 | 5 | 6 | 7 | 8 | 9 |
|---|---|---|---|---|---|---|---|---|---|---|
| 20 | 1,06 | 1,06 | 1,07 | 1,07 | 1,08 | 1,08 | 1,09 | 1,09 | 1,10 | 1,11 |
| 30 | 1,11 | 1,12 | 1,12 | 1,13 | 1,14 | 1,15 | 1,15 | 1,16 | 1,17 | 1,18 |
| 40 | 1,19 | 1,19 | 1,20 | 1,21 | 1,22 | 1,23 | 1,24 | 1,25 | 1,26 | 1,27 |
| 50 | 1,28 | 1,30 | 1,31 | 1,32 | 1,33 | 1,35 | 1,36 | 1,37 | 1,39 | 1,40 |
| 60 | 1,41 | 1,43 | 1,44 | 1,46 | 1,48 | 1,49 | 1,51 | 1,53 | 1,54 | 1,56 |
| 70 | 1,58 | 1,60 | 1,62 | 1,64 | 1,66 | 1,68 | 1,70 | 1,72 | 1,74 | 1,77 |
| 80 | 1,79 | 1,81 | 1,83 | 1,86 | 1,88 | 1,91 | 1,93 | 1,95 | 1,98 | 2,01 |
| 90 | 2,05 | 2,10 | 2,14 | 2,19 | 2,24 | 2,29 | 2,33 | 2,38 | 2,43 | 2,48 |
| 100 | 2,53 | 2,58 | 2,64 | 2,69 | 2,74 | 2,79 | 2,85 | 2,90 | 2,95 | 3,01 |
| 110 | 3,06 | 3,12 | 3,18 | 3,23 | 3,29 | 3,35 | 3,41 | 3,47 | 3,53 | 3,59 |
| 120 | 3,65 | 3,71 | 3,77 | 3,83 | 3,89 | 3,96 | 4,02 | 4,09 | 4,15 | 4,22 |
| 130 | 4,28 | 4,35 | 4,41 | 4,48 | 4,55 | 4,62 | 4,69 | 4,75 | 4,82 | 4,89 |
| 140 | 4,96 | 5,04 | 5,11 | 5,18 | 5,25 | 5,33 | 5,40 | 5,47 | 5,55 | 5,62 |
| 150 | 5,70 | 5,78 | 5,85 | 5,93 | 6,01 | 6,09 | 6,16 | 6,24 | 6,32 | 6,40 |
| 160 | 6,48 | 6,57 | 6,65 | 6,73 | 6,81 | 6,90 | 6,98 | 7,06 | 7,15 | 7,32 |
| 170 | 7,32 | 7,41 | 7,49 | 7,58 | 7,67 | 7,76 | 7,85 | 7,94 | 8,03 | 8,12 |
| 180 | 8,21 | 8,30 | 8,39 | 8,48 | 8,58 | 8,67 | 8,76 | 8,86 | 8,95 | 9,05 |
| 190 | 9,14 | 9,24 | 9,34 | 9,44 | 9,53 | 9,63 | 9,73 | 9,83 | 9,93 | 10,03 |
| 200 | 10,13 | 10,23 | 10,34 | 10,44 | 10,54 | 10,65 | 10,75 | 10,85 | 10,96 | 11,06 |
| 210 | 11,17 | 11,28 | 11,38 | 11,49 | 11,60 | 11,71 | 11,82 | 11,93 | 12,04 | 12,15 |
| 220 | 12,26 | 12,37 | 12,48 | 12,60 | 12,71 | 12,82 | 12,94 | 13,05 | 13,17 | 13,28 |
| 230 | 13,40 | 13,52 | 13,63 | 13,75 | 13,87 | 13,99 | 14,11 | 14,23 | 14,35 | 14,47 |
| 240 | 14,59 | 14,71 | 14,83 | 14,96 | 15,08 | 15,20 | 15,33 | 15,45 | 15,58 | 15,71 |
| 250 | 15,83 | | | | | | | | | |

$$\sigma_\omega = \frac{F \cdot \omega}{S} \leqq \sigma_{zul}$$

**$\omega$-Spannung** in $N/mm^2$ bzw. Spannungsnachweis

| | | |
|---|---|---|
| $F$ | Druckkraft im Stab | N |
| $\omega$ | Knickzahl | 1 |
| $S$ | Stabquerschnitt | $mm^2$ |

Nach DIN 1050 ist $\sigma_{zul}$ für St 37: 140 $N/mm^2$ $\sigma_{zul}$ für St 52: 210 $N/mm^2$

$\omega = \frac{\sigma_{zul} \cdot \nu_K}{\sigma_K}$ **Knickzahl** → 72 73 →

**Vorschrift:** Es dürfen nur die Knickzahlen $\omega$ aus den Tabellen der DIN 4114 in die Rechnung eingesetzt werden.

**Rechenvorgang:** a) Profil schätzen, b) Spannungsnachweis (s. Seite 58) führen.

## Mehrere gleichzeitige Beanspruchungen (Zusammengesetzte Beanspruchungen)

## 75 Beanspruchung auf Biegung und Zug oder Druck

→ 53 56 61 ··· 68

### 75.1 Biegung und Zug

$\sigma_{res\,z1} = \sigma_{bz} + \sigma_z = \frac{M_b}{W} + \frac{F_z}{S}$ →

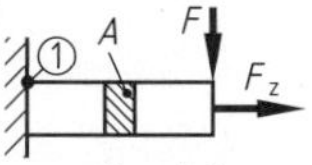


1

$\sigma_{res\,d2} = \sigma_{bd} - \sigma_z = \frac{M_b}{W} - \frac{F_z}{S}$ →

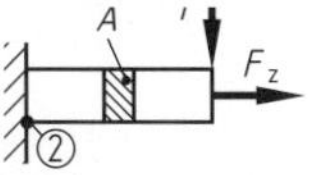


2

### 75.2 Biegung und Druck

$\sigma_{res\,z1} = \sigma_{bz} - \sigma_d = \frac{M_b}{W} - \frac{F_d}{S}$ →

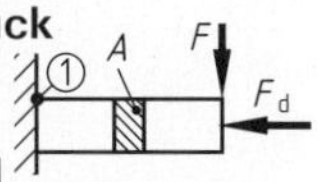


3

$\sigma_{res\,d2} = \sigma_{bd} + \sigma_d = \frac{M_b}{W} + \frac{F_d}{S}$ →

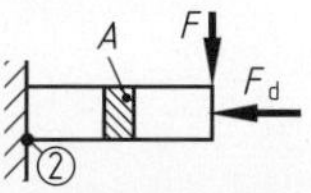


4

$\sigma_b$, $\sigma_d$, $\sigma_z$ sind Normalspannungen und können somit durch Superposition zusammengefaßt werden (s. Bild 8).

Auf Biegung und Zug (oder Druck) beanspruchter Querschnitt 5

Biegespannungsschaubild 6

7

Zug- (oder Druck-) spannungsschaubild

Gesamtspannungsschaubild

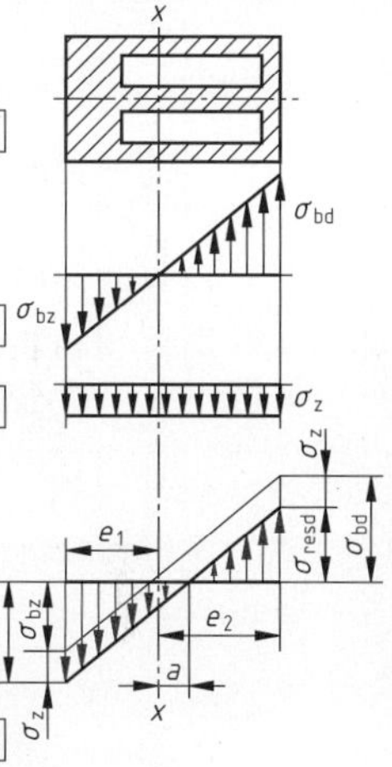


8

### 75.3 Verschiebung der neutralen Faser

$a = \left(\frac{e_1}{\sigma_{bz}} - \frac{e_1}{\sigma_{res\,z}}\right) \cdot \sigma_{res\,z}$ **Verschiebung** in mm (Bild 8)

$a = \frac{F \cdot I}{M_b \cdot S}$ **Verschiebung** in mm (allgemein)

| | | |
|---|---|---|
| $e_1$ | Randabstand im Biegespannungsschaubild (Bild 8) | mm |
| $\sigma_{bz}$ | Biegespannung (Zug) | $N/mm^2$ |
| $\sigma_{res\,z}$ | resultierende Zugspannung | $N/mm^2$ |
| $F$ | wirkende Zug- oder Druckkraft | N |
| $I$ | Flächenträgheitsmoment | $mm^4$ |
| $M_b$ | wirkendes Biegemoment | N mm |
| $S$ | Querschnittsfläche | $mm^2$ |

## 76 Beanspruchung auf Zug u. Schub, Druck u. Schub, Biegung u. Schub

→ 53 55 56 61 ··· 68 69

Bei Normal- **und** Tangentialspannungen $\sigma$ und $\tau$ wird mit dem Spannungs-Pythagoras (Bild 9) eine **Vergleichsspannung $\sigma_v$** ermittelt.

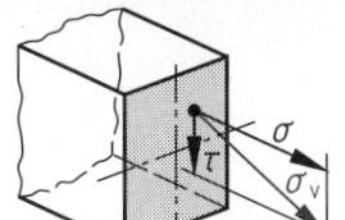


9

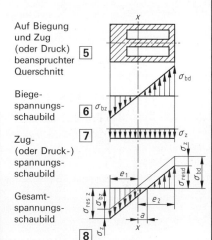

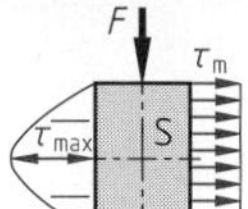


10

$\sigma_v = \sqrt{\sigma^2_{res\,max} + \tau^2_m} \leqq \sigma_{zul}$ **Vergleichsspannung**

Die tatsächliche Spannungsverteilung bei Schub geht aus Bild 10 hervor. Es ist:

$\tau_m = \frac{F}{S}$ **mittlere Schubspannung** → 55 in $N/mm^2$

**Sonderfall:** Biegung und Torsion → 77

| | | |
|---|---|---|
| $\sigma_{res\,max}$ | größte Normalspannung aus Biegung und Zug bzw. Biegung und Druck → 75 | $N/mm^2$ |
| $\sigma_{zul}$ | größte einzelne zulässige Normalspannung | $N/mm^2$ |
| $\tau_m$ | mittlere Schubspannung | $N/mm^2$ |

## 77 Beanspruchung auf Biegung und Torsion

→ 61 ··· 68 69 70

In der Regel wird nach der **Hypothese der größten Gestaltänderungsarbeit** gerechnet:

FESTIGKEITSLEHRE

$\sigma_v = \sigma_b^2 + 3 \cdot (\alpha_0 \cdot \tau_t)^2 \leqq \sigma_{b\,zul}$ **Vergleichsspannung**

$\alpha_0 = \frac{\sigma_{b\,zul}}{\sqrt{3} \cdot \tau_{t\,zul}}$ **Anstrengungsverhältnis**

$W_{erf} = \frac{M_v}{\sigma_{b\,zul}}$ **erforderliches Widerstandsmoment**

$M_v = \sqrt{M_b^2 + 0{,}75 \cdot (\alpha_0 \cdot M_t)^2}$ **Vergleichsspannung für Kreis- und Kreisringquerschnitt**

| | | |
|---|---|---|
| $\sigma_v$ | Vergleichsspannung | N/mm² |
| $\sigma_b$ | vorhandene Biegespannung | N/mm² |
| $\tau_t$ | vorhandene Torsionsspannung | N/mm² |
| $\alpha_0$ | Anstrengungsverhältnis | 1 |
| $\sigma_{b\,zul}$ | zulässige Biegespannung | N/mm² |
| $\tau_{t\,zul}$ | zulässige Torsionsspannung | N/mm² |
| $W_{erf}$ | erforderliches Widerstandsmoment | mm³ |
| $M_v$ | Vergleichsmoment | N mm |
| $M_b$ | Biegemoment ⟶ , 62 | N mm |
| $M_t$ | Torsionsmoment ⟶ 69 | N mm |

## Dynamische Beanspruchungen

## 78 Dauerstandfestigkeit, Schwellfestigkeit, Wechselfestigkeit

⟶ 79 80

### 78.1 Festigkeit in Abhängigkeit vom Belastungsfall ⟶ 58

#### 78.1.1 Dauerstandfestigkeit (Dauerfestigkeit I)

Von **Dauerstandfestigkeit** spricht man, wenn ein Probestab im **Belastungsfall I** (statisch belastet) die aufgebrachte Spannung gerade noch, ohne zu versagen, dauernd ertragen kann. ⟶

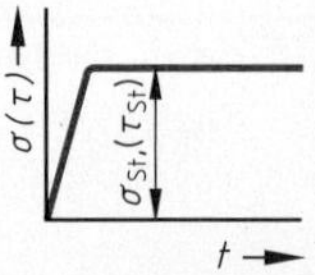


1

#### 78.1.2 Schwellfestigkeit (Dauerfestigkeit II)

**Schwellfestigkeit** ist die Spannung, die ein Probestab im **Belastungsfall II** (schwellend, d. h. dynamisch belastet) gerade noch, ohne zu versagen, dauernd ertragen kann. ⟶

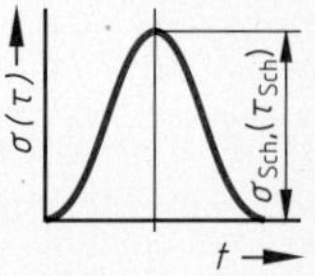


2

#### 78.1.3 Wechselfestigkeit (Dauerfestigkeit III)

**Wechselfestigkeit** ist die Spannung, die ein Probestab im **Belastungsfall III** (wechselnd, d. h. dynamisch belastet) gerade noch, ohne zu versagen, dauernd ertragen kann.

Die Belastungsfälle I, II, III können bei jeder Beanspruchungsart (Zug, Druck, Biegung, Torsion) auftreten. Die entsprechende Dauerfestigkeit wird dem betreffenden **Dauerfestigkeitsschaubild** ⟶ 79 entnommen.

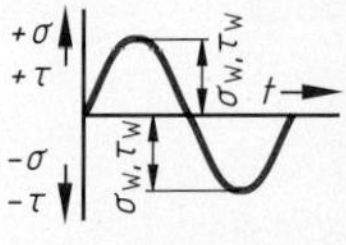


3

### 78.2 Allgemeine dynamische Belastung

$\sigma_m = \frac{\sigma_o + \sigma_u}{2}$ $\tau_m = \frac{\tau_o + \tau_u}{2}$ **Mittelspannung** in N/mm²

$\sigma_a = \pm\frac{\sigma_o - \sigma_u}{2}$ $\tau_a = \pm\frac{\tau_o - \tau_u}{2}$ **Spannungsausschlag** in N/mm²

$\sigma_D = \sigma_m \pm \sigma_a$ $\tau_D = \tau_m \pm \tau_a$ **Dauerfestigkeit** in N/mm²

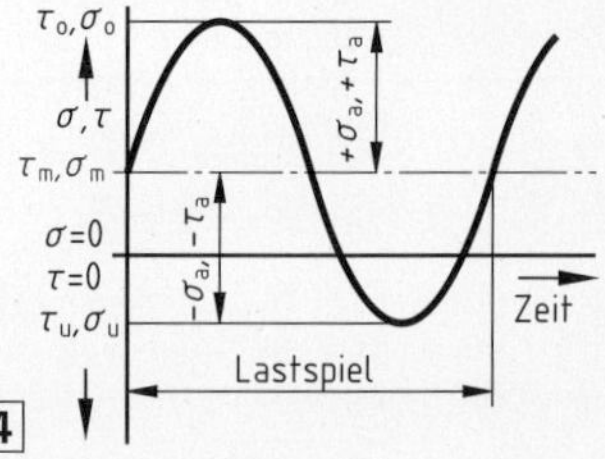


4

**Dauerfestigkeit** entspricht dem um eine Mittelspannung $\sigma_m$ bzw. $\tau_m$ schwingenden größten Spannungsausschlag $\sigma_a$ bzw. $\tau_a$, den eine Probe unendlich oft aushält.

| | | |
|---|---|---|
| $\sigma_o$, $\tau_o$ | obere Grenzspannung | N/mm² |
| $\sigma_u$, $\tau_u$ | untere Grenzspannung | N/mm² |

## 79 Dauerfestigkeit und Zeitfestigkeit

⟶ 78 80

### 79.1 Wöhler-Diagramm (Bild 5)

**Dauerfestigkeit** ⟶ Eine bestimmte **Oberspannung** wird ab einer **Grenzlastwechselzahl** beliebig oft ausgehalten.

**Zeitfestigkeit** ⟶ Unterhalb der Grenzlastwechselzahl wird eine größere **Oberspannung** eine bestimmte Zeit ausgehalten.

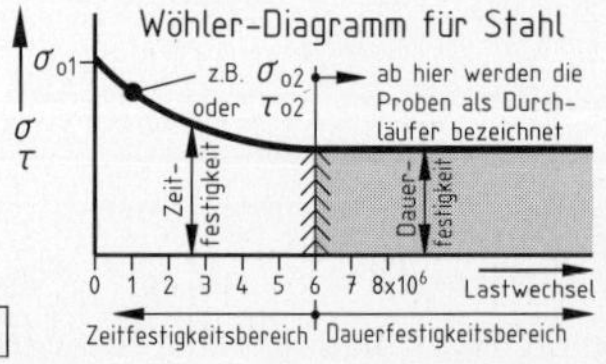


5

## 79.2 Konstruktion des Dauerfestigkeitschaubildes (Smith-Diagramm)

Die Bereiche oberhalb bzw. unterhalb der Fließgrenze $R_e$ (Linie a – b) im Bild 1 werden abgeschnitten, da sich dieser Bereich plastisch verhält.
Üblicherweise wird nur der rechte Teil des so ermittelten **Dauerfestigkeitsschaubildes** gezeichnet, d. h. ab $\sigma_m \geqq 0$.
Dies zeigt Bild 2.

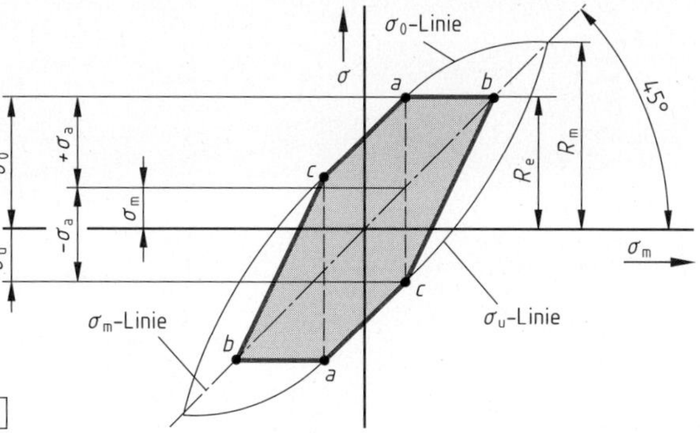


1

Dauerfestigkeitsschaubilder werden für alle Beanspruchungsarten (Zug, Druck, Biegung, Torsion) jeweils für einen bestimmten Werkstoff ermittelt.

So zeigt z. B. Bild 3 im selben Achsenkreuz **Dauerfestigkeitsschaubilder für Torsion,** und zwar für die folgenden Stähle:

a) 42 Cr Mo 4
b) 34 Cr 4
c) 16 Mn Cr 5
d) C 45
e) Ck 45
f) St 60
g) St 37

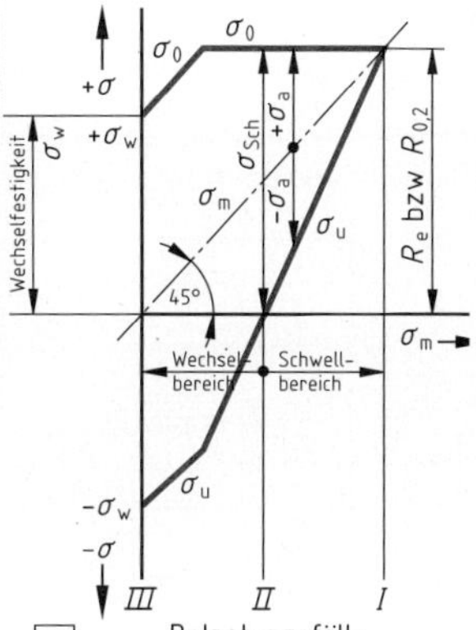


2

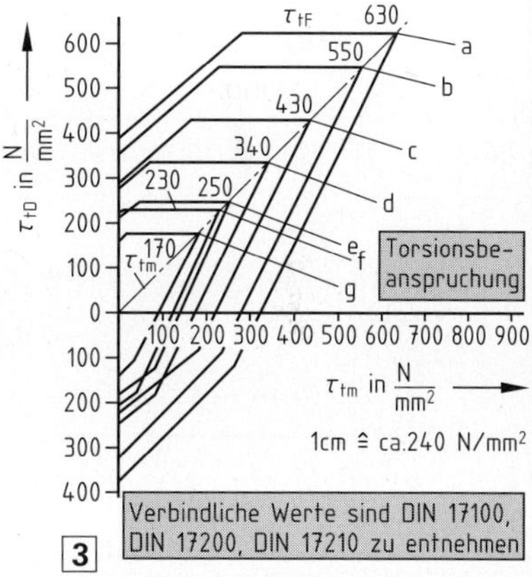


3

**Weitere Dauerfestigkeitsschaubilder** ⟶ Verbindlich in den einschlägigen DIN-Normen, aber auch in maschinentechnischen Handbüchern (z. B. Dubbel, Hütte).

## 79.3 Zulässige Spannungen, erweiterter Sicherheitsbegriff

Aus Bild 2 ist zu ersehen:

$\sigma_D = \sigma_{St} = R_e$ ⟶ **Dauerfestigkeit im Belastungsfall I**

$\sigma_D = \sigma_{Sch}$ ⟶ **Dauerfestigkeit im Belastungsfall II**

$\sigma_D = \sigma_W$ ⟶ **Dauerfestigkeit im Belastungsfall III**

$\sigma_D = \sigma_m \pm \sigma_a$ ⟶ **Dauerfestigkeit bei allgemeiner dynamischer Belastung**

$\tau_D$ entsprechend und jeweils in N/mm²

Dauerfestigkeiten sind Grenzspannungen, die nicht überschritten werden dürfen. Deshalb wird auch hier mit einer Sicherheit $\nu_D$ gegen das Erreichen der Dauerfestigkeit gerechnet.

Bei Berücksichtigung der Dauerfestigkeit spricht man vom **erweiterten Sicherheitsbegriff**:

$\nu_D = \dfrac{\sigma_D}{\sigma_{vorh\,max}}$ $\nu_D = \dfrac{\tau_D}{\tau_{vorh\,max}}$ **Sicherheit gegen das Erreichen der Dauerfestigkeit**

# 80 Gestaltfestigkeit

⟶ 78 79

Unter **Gestaltfestigkeit** versteht man die Dauerfestigkeit eines Bauteils bezogen auf seine spezielle Gestalt. Sie hängt von der **Größe des Bauteils** und von seiner **Oberflächengüte** ab. Auch der **Werkstoff** (spröde bis elastisch) spielt eine große Rolle.

## 80.1 Oberflächeneinflußparameter $b_1$

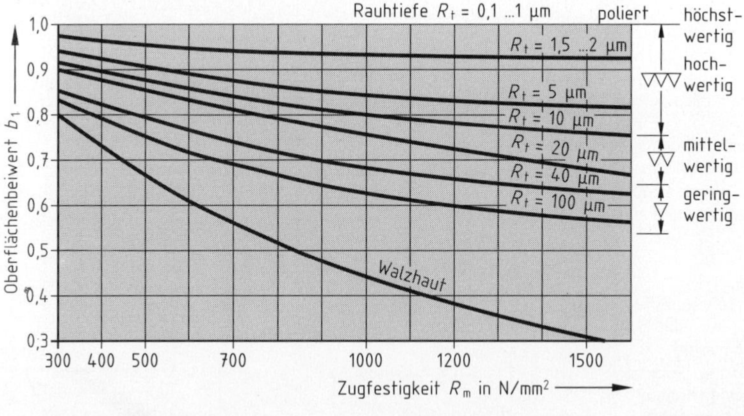


1

## 80.2 Größeneinflußparameter $b_2$ für Kreisquerschnitte

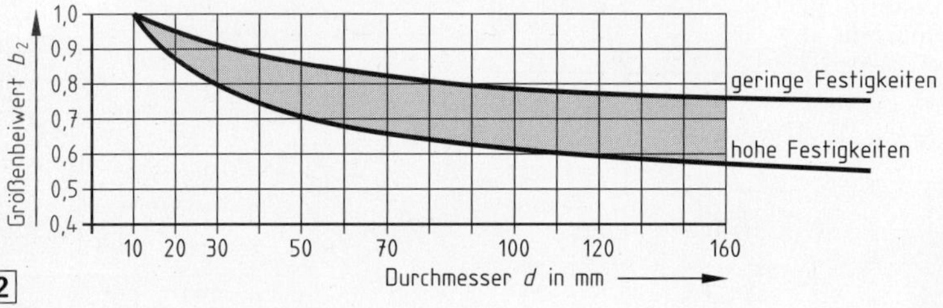


2

$b_2$ für andere Querschnitte in Fachliteratur.

## 80.3 Kerbwirkungszahl $\beta_K$

$\beta_K = 1 + (\alpha_K - 1) \cdot \eta_K$ **Kerbwirkungszahl**

$\sigma_{max} = \beta_K \cdot \sigma_n$ $\quad$ $\tau_{max} = \beta_K \cdot \tau_n$ **Maximalspannung im Kerbengrund** in N/mm² ⟶ Bild 3

$\alpha_K$ = **Kerbformzahl** ⟶ Tabelle 1 $\quad$ $\eta_K$ = **Kerbempfindlichkeitszahl** ⟶Tabelle 2

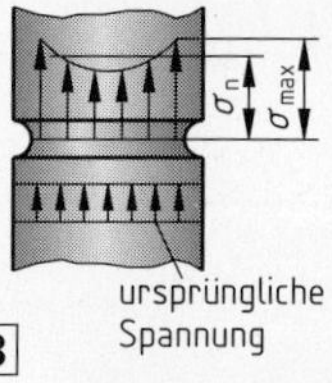


3

**Tabelle 1: Einige Kerbformzahlen**

$\alpha_K = 1$ für gute Ausrundungen (Bild 4) und geometrisch glatte Flächen
$\alpha_K = 1{,}4 \cdots 1{,}6$ Einstich für Seegerring
$\alpha_K = 1{,}3 \cdots 1{,}5$ Paßfedernut DIN 6885 mit Auslauf
$\alpha_K = 1{,}8 \cdots 2{,}5$ Schrumpfsitz mit Nabe
$\alpha_K = 6$ für extrem scharfkantige Kerben (Bild 4)

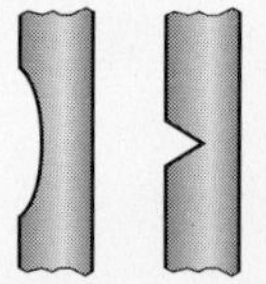


4

**Tabelle 2: Einige Kerbempfindlichkeitszahlen**

| Werkstoff | St 37 | St 52 | St 50 | St 60 | Federstahl | GG |
|---|---|---|---|---|---|---|
| $\eta_K$ | 0,2 | 0,3 | 0,4 | 0,6 | 1,0 | 0,0 ··· |

**Weitere $\alpha_K$- und $\eta_K$-Werte** ⟶ in maschinentechnischen Handbüchern (z.B. Dubbel, Hütte)

$$\sigma_G = \frac{\sigma_D \cdot b_1 \cdot b_2}{\beta_K} \qquad \tau_G = \frac{\tau_D \cdot b_1 \cdot b_2}{\beta_K}$$

**Gestaltfestigkeit** in N/mm²

$$\nu_G = \frac{\sigma_G}{\sigma_{zul}} \qquad \nu_G = \frac{\tau_G}{\tau_{zul}}$$

**Sicherheit gegen das Erreichen der Gestaltfestigkeit**

| | | |
|---|---|---|
| $\sigma_D$, $\tau_D$ | Dauerfestigkeit ⟶ 78 79 | N/mm² |
| $b_1$ | Oberflächenbeiwert | 1 |
| $b_2$ | Größenbeiwert | 1 |
| $\beta_K$ | Kerbwirkungszahl | 1 |

# T1 Ausgewählte Gewindetabellen

## T1.1 Metrisches ISO-Gewinde → DIN 13, Teile 1 bis 11 vom Dezember 1986

| Gewindeteil | Abmessungsfunktion |
|---|---|
| Nenndurchmesser | $d = D$ |
| Steigung | $P$ |
| Gewindetiefe Bolzen | $h_3 = 0{,}61343 \cdot P$ |
| Gewindetiefe Mutter (Flankenüberdeckung) | $H_1 = 0{,}54127 \cdot P$ |
| Flankendurchmesser | $d_2 = D_2 = d - 0{,}64952 \cdot P$ |
| Kerndurchmesser Bolzen | $d_3 = d - 1{,}22687 \cdot P$ |
| Kerndurchmesser Mutter | $D_1 = d - 2 \cdot H_1$ |
| Flankenwinkel | $\beta = 60°$ |

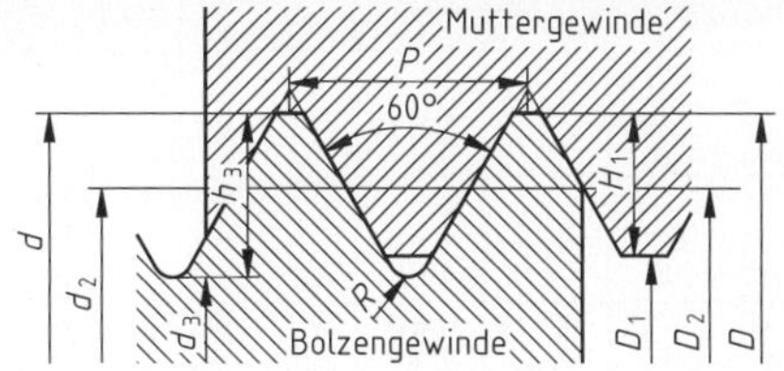


1

**Regelgewinde** Reihen 1, 2 und 3 — DIN 13 — Maße in mm

| Gewindebezeichnung (Nenndurchmesser) $d = D$ Reihe 1 | Reihe 2 | Reihe 3 | Steigung $P$ | Flanken-∅ $d_2 = D_2$ | Kern-∅ Bolzen $d_3$ | Kern-∅ Mutter $D_1$ | Gewindetiefe Bolzen $h_3$ | Gewindetiefe Mutter $H_1$ | Rundung $R$ | Spannungsquerschnitt $A_{s2}$ mm² |
|---|---|---|---|---|---|---|---|---|---|---|
| M 1 | | | 0,25 | 0,838 | 0,693 | 0,729 | 0,153 | 0,135 | 0,036 | 0,46 |
| | M 1,1 | | 0,25 | 0,938 | 0,793 | 0,829 | 0,153 | 0,135 | 0,036 | 0,59 |
| M 1,2 | | | 0,25 | 1,038 | 0,893 | 0,929 | 0,153 | 0,135 | 0,036 | 0,73 |
| | M 1,4 | | 0,3 | 1,205 | 1,032 | 1,075 | 0,184 | 0,162 | 0,043 | 0,98 |
| M 1,6 | | | 0,35 | 1,373 | 1,171 | 1,221 | 0,215 | 0,189 | 0,051 | 1,27 |
| | M 1,8 | | 0,35 | 1,573 | 1,371 | 1,421 | 0,215 | 0,189 | 0,051 | 1,70 |
| M 2 | | | 0,4 | 1,740 | 1,509 | 1,567 | 0,245 | 0,217 | 0,058 | 2,07 |
| | M 2,2 | | 0,45 | 1,908 | 1,648 | 1,713 | 0,276 | 0,244 | 0,065 | 2,48 |
| M 2,5 | | | 0,45 | 2,208 | 1,948 | 2,013 | 0,276 | 0,244 | 0,065 | 3,39 |
| M 3 | | | 0,5 | 2,675 | 2,387 | 2,459 | 0,307 | 0,271 | 0,072 | 5,03 |
| | M 3,5 | | 0,6 | 3,110 | 2,764 | 2,850 | 0,368 | 0,325 | 0,087 | 6,77 |
| M 4 | | | 0,7 | 3,545 | 3,141 | 3,242 | 0,429 | 0,379 | 0,101 | 8,78 |
| | M 4,5 | | 0,75 | 4,013 | 3,580 | 3,688 | 0,460 | 0,406 | 0,108 | 11,3 |
| M 5 | | | 0,8 | 4,480 | 4,019 | 4,134 | 0,491 | 0,433 | 0,115 | 14,2 |
| M 6 | | | 1 | 5,350 | 4,773 | 4,917 | 0,613 | 0,541 | 0,144 | 20,1 |
| | | M 7 | 1 | 6,350 | 5,773 | 5,917 | 0,613 | 0,541 | 0,144 | 28,8 |
| M 8 | | | 1,25 | 7,188 | 6,466 | 6,647 | 0,767 | 0,677 | 0,180 | 36,6 |
| | | M 9 | 1,25 | 8,188 | 7,466 | 7,647 | 0,767 | 0,677 | 0,180 | 48,1 |
| M 10 | | | 1,5 | 9,026 | 8,160 | 8,376 | 0,920 | 0,812 | 0,217 | 58,0 |
| | | M 11 | 1,5 | 10,026 | 9,160 | 9,376 | 0,920 | 0,812 | 0,217 | 72,3 |
| M 12 | | | 1,75 | 10,863 | 9,853 | 10,106 | 1,074 | 0,947 | 0,253 | 84,3 |
| | M 14 | | 2 | 12,701 | 11,546 | 11,835 | 1,227 | 1,083 | 0,289 | 115 |
| M 16 | | | 2 | 14,701 | 13,546 | 13,835 | 1,227 | 1,083 | 0,289 | 157 |
| | M 18 | | 2,5 | 16,376 | 14,933 | 15,294 | 1,534 | 1,353 | 0,361 | 192 |
| M 20 | | | 2,5 | 18,376 | 16,933 | 17,294 | 1,534 | 1,353 | 0,361 | 245 |
| | M 22 | | 2,5 | 20,376 | 18,933 | 19,294 | 1,534 | 1,353 | 0,361 | 303 |
| M 24 | | | 3 | 22,051 | 20,319 | 20,752 | 1,840 | 1,624 | 0,433 | 353 |
| | M 27 | | 3 | 25,051 | 23,319 | 23,752 | 1,840 | 1,624 | 0,433 | 459 |
| M 30 | | | 3,5 | 27,727 | 25,706 | 26,211 | 2,147 | 1,894 | 0,505 | 561 |
| | M 33 | | 3,5 | 30,727 | 28,706 | 29,211 | 2,147 | 1,894 | 0,505 | 693 |
| M 36 | | | 4 | 33,402 | 31,093 | 31,670 | 2,454 | 2,165 | 0,577 | 817 |
| | M 39 | | 4 | 36,402 | 34,093 | 34,670 | 2,454 | 2,165 | 0,577 | 976 |
| M 42 | | | 4,5 | 39,077 | 36,479 | 37,129 | 2,760 | 2,436 | 0,650 | 1121 |
| | M 45 | | 4,5 | 42,077 | 39,479 | 40,129 | 2,760 | 2,436 | 0,650 | 1306 |
| M 48 | | | 5 | 44,752 | 41,866 | 42,587 | 3,067 | 2,706 | 0,722 | 1473 |
| | M 52 | | 5 | 48,752 | 45,866 | 46,587 | 3,067 | 2,706 | 0,722 | 1758 |
| M 56 | | | 5,5 | 52,428 | 49,252 | 50,046 | 3,374 | 2,977 | 0,794 | 2030 |
| | M 60 | | 5,5 | 56,428 | 53,252 | 54,046 | 3,374 | 2,977 | 0,794 | 2362 |
| M 64 | | | 6 | 60,103 | 56,639 | 57,505 | 3,681 | 3,248 | 0,866 | 2676 |
| | M 68 | | 6 | 64,103 | 60,639 | 61,505 | 3,681 | 3,248 | 0,866 | 3055 |

TABELLEN-ANHANG

$$A_S = \frac{\pi}{4} \cdot \left(\frac{d_2 + d_3}{2}\right)^2$$ **Spannungsquerschnitt** in $mm^2$

Reihe 1 ist bevorzugt zu verwenden. Reihen 2 und 3: Zwischengrößen.

| **Feingewinde** | | | | DIN 13 | | | | Maße in mm | | | |
|---|---|---|---|---|---|---|---|---|---|---|---|
| Gewindebezeichnung | Flanken-∅ | Kern-∅ Bolzen | Kern-∅ Mutter | Gewindebezeichnung | Flanken-∅ | Kern-∅ Bolzen | Kern-∅ Mutter | Gewindebezeichnung | Flanken-∅ | Kern-∅ Bolzen | Kern-∅ Mutter |
| $d \times P$ | $d_2 = D_2$ | $d_3$ | $D_1$ | $d \times P$ | $d_2 = D_2$ | $d_3$ | $D_1$ | $d \times P$ | $d_2 = D_2$ | $d_3$ | $D_1$ |
| M 2 × 0,25 | 1,84 | 1,69 | 1,73 | M 10 × 0,25 | 9,84 | 9,69 | 9,73 | M 24 × 2 | 22,70 | 21,55 | 21,84 |
| M 3 × 0,25 | 2,84 | 2,69 | 2,73 | M 10 × 0,5 | 9,68 | 9,39 | 9,46 | M 30 × 1,5 | 29,03 | 28,16 | 28,38 |
| M 4 × 0,2 | 3,87 | 3,76 | 3,78 | M 10 × 1 | 9,35 | 8,77 | 8,92 | M 30 × 2 | 28,70 | 27,55 | 27,84 |
| M 4 × 0,35 | 3,77 | 3,57 | 3,62 | M 12 × 0,35 | 11,77 | 11,57 | 11,62 | M 36 × 1,5 | 35,03 | 34,16 | 34,38 |
| M 5 × 0,25 | 4,84 | 4,69 | 4,73 | M 12 × 0,5 | 11,68 | 11,39 | 11,46 | M 36 × 2 | 34,70 | 33,55 | 33,84 |
| M 5 × 0,5 | 4,68 | 4,39 | 4,46 | M 12 × 1 | 11,35 | 10,77 | 10,92 | M 42 × 1,5 | 41,03 | 40,16 | 40,38 |
| M 6 × 0,25 | 5,84 | 5,69 | 5,73 | M 16 × 0,5 | 15,68 | 15,39 | 15,46 | M 42 × 2 | 40,70 | 39,55 | 39,84 |
| M 6 × 0,5 | 5,68 | 5,39 | 5,46 | M 16 × 1 | 15,35 | 14,77 | 14,92 | M 48 × 1,5 | 47,03 | 46,16 | 46,38 |
| M 6 × 0,75 | 5,51 | 5,08 | 5,19 | M 16 × 1,5 | 15,03 | 14,16 | 14,38 | M 48 × 2 | 46,70 | 45,55 | 45,84 |
| M 8 × 0,25 | 7,84 | 7,69 | 7,73 | M 20 × 1 | 19,35 | 18,77 | 18,92 | M 56 × 1,5 | 55,03 | 54,16 | 54,38 |
| M 8 × 0,5 | 7,68 | 7,39 | 7,46 | M 20 × 1,5 | 19,03 | 18,16 | 18,38 | M 56 × 2 | 54,70 | 53,55 | 53,84 |
| M 8 × 1 | 7,35 | 6,77 | 6,92 | M 24 × 1,5 | 23,03 | 22,16 | 22,38 | M 64 × 2 | 62,70 | 61,55 | 61,84 |

**Spannungsquerschnitt** und **Abmessungsfunktionen** entsprechend Regelgewinde (Seite 63).

## T1.2 Metrisches ISO-Trapezgewinde ⟶ DIN 103, Teil 1 vom April 1977

| Gewindeteil | Abmessungsfunktion |
|---|---|
| Nenndurchmesser | $d$ |
| Steigung eingängig und Teilung mehrgängig | $P$ |
| Steigung mehrgängig | $P_h$ |
| Kerndurchmesser Bolzen | $d_3 = d - (P + 2 \cdot a_c)$ |
| Kerndurchmesser Mutter | $D_1 = d - P$ |
| Außendurchmesser Mutter | $D_4 = d + 2 \cdot a_c$ |
| Flankendurchmesser | $d_2 = D_2 = d - 0{,}5 \cdot P$ |
| Gewindetiefe | $h_3 = H_4 = 0{,}5 \cdot P + a_c$ |
| Flankenüberdeckung | $H_1 = 0{,}5 \cdot P$ |
| Spitzenspiel | $a_c$ |
| Flankenwinkel | $\beta = 30°$ |

1

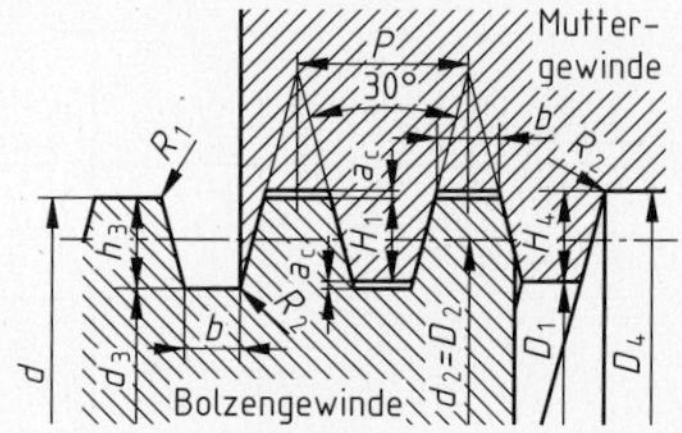


**Maße in mm**

| Gewindebezeichnung | Flanken-∅ | Kern-∅ Bolzen | Kern-∅ Mutter | Außen-∅ | Gewindetiefe | Drehmeißelbreite | Gewindebezeichnung | Flanken-∅ | Kern-∅ Bolzen | Kern-∅ Mutter | Außen-∅ | Gewindetiefe | Drehmeißelbreite |
|---|---|---|---|---|---|---|---|---|---|---|---|---|---|
| $d \times P$ | $d_2 = D_2$ | $d_3$ | $D_1$ | $D_4$ | $h_3 = H_4$ | $b$ | $d \times P$ | $d_2 = D_2$ | $d_3$ | $D_1$ | $D_4$ | $h_3 = H_4$ | $b$ |
| Tr 10 × 2 | 9 | 7,5 | 8 | 10,5 | 1,25 | 0,60 | Tr 48 × 8 | 44 | 39 | 40 | 49 | 4,5 | 2,66 |
| Tr 12 × 3 | 10,5 | 8,5 | 9 | 12,5 | 1,75 | 0,96 | Tr 52 × 8 | 48 | 43 | 44 | 53 | 4,5 | 2,66 |
| Tr 16 × 4 | 14 | 11,5 | 12 | 16,5 | 2,25 | 1,33 | Tr 60 × 9 | 55,5 | 50 | 51 | 61 | 5 | 3,02 |
| Tr 20 × 4 | 18 | 15,5 | 16 | 20,5 | 2,25 | 1,33 | Tr 70 × 10 | 65 | 59 | 60 | 71 | 5,5 | 3,39 |
| Tr 24 × 5 | 21,5 | 18,5 | 19 | 24,5 | 2,75 | 1,70 | Tr 80 × 10 | 75 | 69 | 70 | 81 | 5,5 | 3,39 |
| Tr 28 × 5 | 25,5 | 22,5 | 23 | 28,5 | 2,75 | 1,70 | Tr 90 × 12 | 84 | 77 | 78 | 91 | 6,5 | 4,12 |
| Tr 32 × 6 | 29 | 25 | 26 | 33 | 3,5 | 1,93 | Tr 100 × 12 | 94 | 87 | 88 | 101 | 6,5 | 4,12 |
| Tr 36 × 3 | 34,5 | 32,5 | 33 | 36,5 | 2,0 | 0,83 | Tr 110 × 12 | 104 | 97 | 98 | 111 | 6,5 | 4,12 |
| Tr 36 × 6 | 33 | 29 | 30 | 37 | 3,5 | 1,93 | Tr 120 × 14 | 113 | 104 | 106 | 122 | 7,5 | 4,85 |
| Tr 36 × 10 | 31 | 25 | 26 | 37 | 5,5 | 3,39 | Tr 140 × 14 | 133 | 124 | 126 | 142 | 8 | 4,58 |
| Tr 40 × 7 | 36,5 | 32 | 33 | 41 | 4 | 2,29 | | | | | | | |
| Tr 44 × 7 | 40,5 | 36 | 37 | 45 | 4 | 2,29 | | | | | | | |

Beispiel für ein **mehrgängiges Trapezgewinde**:
Tr 110 × 36 P12 ⟶ $P_h$ = 36 mm, $P$ = 12 mm
$n$ = 3 (Gangzahl)

$$n = \frac{P_h}{P}$$ **Gangzahl**

| | | | | |
|---|---|---|---|---|
| $a_c$ | 0,15 | 0,25 | 0,5 | 1 |
| $R_1$ | 0,075 | 0,125 | 0,25 | 0,5 |
| $R_2$ | 0,15 | 0,25 | 0,5 | 1 |

$$A_K = \frac{\pi}{4} \cdot d_3^2$$ **Kernquerschnitt** in $mm^2$

Die Rechengröße $A_S$ = Spannungsquerschnitt gibt es beim Trapezgewinde nicht!

TABELLEN-ANHANG

## T1.3 Sägengewinde → DIN 513 vom April 1985

| Gewindeteil | Abmessungsfunktion |
|---|---|
| Nenndurchmesser | $d = D$ |
| Steigung | $P$ |
| Gewindetiefe Bolzen | $h_3 = 0{,}868 \cdot P$ |
| Gewindetiefe Mutter (Flankenüberdeckung) | $H_1 = 0{,}75 \cdot P$ |
| Flankendurchmesser | $d_2 = D_2 = d - 0{,}75 \cdot P$ |
| Kerndurchmesser Bolzen | $d_3 = d - 1{,}736 \cdot P$ |
| Kerndurchmesser Mutter | $D_1 = d - 1{,}5 \cdot P$ |
| Flankenwinkel | $\beta = 33°$ |

1

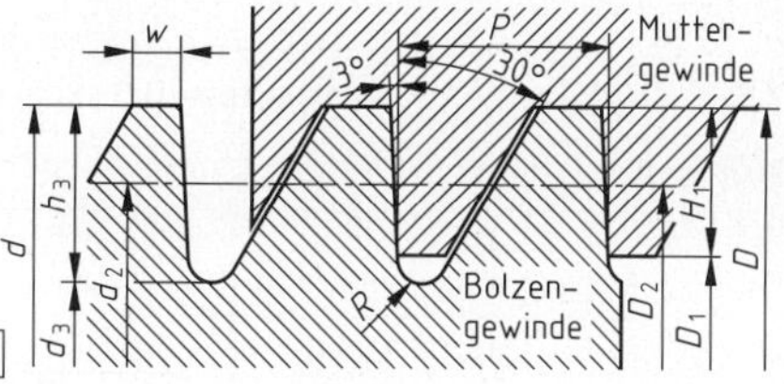


Für Bewegungsgewinde bei extremer einseitiger achsialer Belastung. **Maße in mm**

| Gewinde-bezeichnung $d \times P$ | Bolzen Kern-⌀ $d_3$ | Bolzen Gewindetiefe $h_3$ | Mutter Kern-⌀ $D_1$ | Mutter Gewindetiefe $H_1$ | Flanken-⌀ $d_2 = D_2$ |
|---|---|---|---|---|---|
| S 12 × 3 | 6,79 | 2,60 | 7,5 | 2,25 | 9,75 |
| S 16 × 4 | 9,06 | 3,47 | 10 | 3 | 13 |
| S 20 × 4 | 13,06 | 3,47 | 14 | 3 | 17 |
| S 24 × 5 | 15,32 | 4,34 | 16,5 | 3,75 | 20,25 |
| S 28 × 5 | 19,32 | 4,34 | 20,5 | 3,75 | 24,25 |
| S 32 × 6 | 21,58 | 5,21 | 23 | 4,5 | 27,5 |
| S 36 × 6 | 25,59 | 5,21 | 27 | 4,5 | 31,50 |
| S 40 × 7 | 27,85 | 6,07 | 29,5 | 5,25 | 34,75 |
| S 44 × 7 | 31,85 | 6,08 | 33,5 | 5,25 | 38,75 |
| S 48 × 8 | 34,12 | 6,94 | 36 | 6 | 42,00 |
| S 52 × 8 | 38,11 | 6,94 | 40 | 6 | 46 |
| S 60 × 9 | 44,38 | 7,81 | 46,5 | 6,75 | 53,25 |
| S 70 × 10 | 52,64 | 8,68 | 55 | 7,5 | 62,50 |
| S 80 × 10 | 62,64 | 8,68 | 65 | 7,5 | 72,50 |
| S 90 × 12 | 69,17 | 10,41 | 72 | 9 | 81,00 |
| S 100 × 12 | 79,17 | 10,41 | 82 | 9 | 91,00 |

$A_K = \frac{\pi}{4} \cdot d_3^2$ **Kernquerschnitt** in mm²

Die Rechengröße $A_S$ = Spannungsquerschnitt gibt es beim Sägengewinde nicht!

# T2 Thermische Längenausdehnungskoeffizienten (Wärmedehnzahlen)

Werte beziehen sich auf **Raumtemperatur 20 °C**

| Stoff | $\alpha$ in $\frac{m}{m \cdot K} = \frac{1}{K}$ |
|---|---|
| Aluminium | 0,000 023 8 |
| AlCuMg | 0,000 023 5 |
| Antimon | 0,000 010 9 |
| Beton (Stahlbeton) | 0,000 012 |
| Bismut (Wismut) | 0,000 013 4 |
| Blei | 0,000 029 |
| Bronze | 0,000 018 |
| Cadmium | 0,000 030 8 |
| Chrom | 0,000 008 5 |
| Chromstahl | 0,000 010 |
| Cobalt | 0,000 012 7 |
| Diamant | 0,000 001 |
| Eisen, rein | 0,000 012 3 |
| Flußstahl | 0,000 013 |
| Gips | 0,000 025 |
| Glas (Fensterglas) | 0,000 010 |
| Gold | 0,000 014 2 |
| Graphit | 0,000 007 9 |
| Gußeisen | 0,000 010 4 |
| Holz in Faserrichtung | 0,000 008 |
| Invarstahl, 36% Ni | 0,000 001 5 |
| Iridium | 0,000 006 5 |
| Kalium | 0,000 083 |
| Kohle | 0,000 006 |
| Konstantan | 0,000 015 2 |
| Kupfer | 0,000 016 5 |
| Magnesium | 0,000 026 1 |
| Mangan | 0,000 023 |
| Manganin | 0,000 017 5 |
| Mauerwerk, Bruchstein | 0,000 012 |
| Mauerziegel | 0,000 005 |
| Messing | 0,000 018 4 |
| Molybdän | 0,000 005 2 |
| Neusilber | 0,000 018 |
| Nickel | 0,000 013 |
| Nickelstahl, 58% Ni | 0,000 012 |
| Palladium | 0,000 011 9 |
| Platin | 0,000 009 |
| Polyvinylchlorid (PVC) | 0,000 080 |
| Porzellan | 0,000 004 |
| Quarz | 0,000 001 |
| Quarzglas | 0,000 005 |
| Schwefel | 0,000 090 |
| Silber | 0,000 020 |
| Stahl, weich | 0,000 012 |
| hart | 0,000 011 7 |
| Tantal | 0,000 006 5 |
| Titan | 0,000 006 2 |
| Wolfram | 0,000 004 5 |
| Zink | 0,000 036 |
| Zinn | 0,000 026 7 |

# T3 Ausgewählte Formstahltabellen

## T 3.1 Überblick warmgewalzter Formstahlprofile mit DIN-Nummern

Vollständige Tabellen mit Rechengrößen ⟶ nur in den DIN-Normen verbindlich!

| Profilform und DIN-Nummer | Bezeichnung, Normbereich | Profilform und DIN-Nummer | Bezeichnung, Normbereich | Profilform und DIN-Nummer | Bezeichnung, Normbereich |
|---|---|---|---|---|---|
| DIN 1013 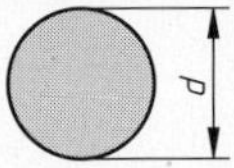  1 | Rundstahl<br>$d = 8 \cdots 200$ | DIN 1014 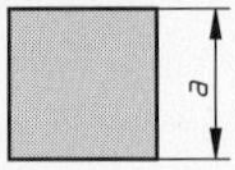  2 | Vierkantstahl<br>$a = 8 \cdots 120$ | DIN 1015 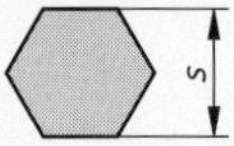  3 | Sechskantstahl<br>$s = 13 \cdots 103$ |
| DIN 1017 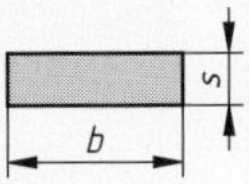  4 | Flachstahl<br>$b \times s = 10 \times 15 \cdots 150 \times 60$ | DIN 59410 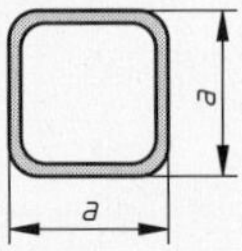  5 | Hohlprofil (Quadratrohr)<br>$a = 40 \cdots 400$ | DIN 59410 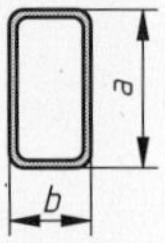  6 | Hohlprofil (Rechteckrohr)<br>$a \times b = 50 \times 20 \cdots 400 \times 260$ |
| DIN 1024 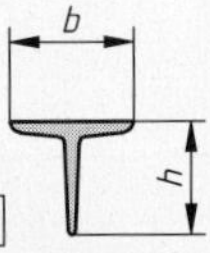  7 | Hochstegiger T-Stahl<br>$b = h = 20 \cdots 140$ | DIN 1024 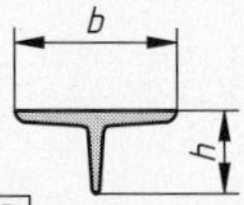  8 | Breitfüßiger T-Stahl<br>$b \times h = 60 \times 30 \cdots 120 \times 60$ | DIN 59051 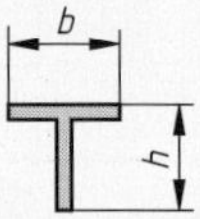  9 | Scharfkantiger T-Stahl<br>$b = h = 20 \cdots 40$ |
| DIN 1026 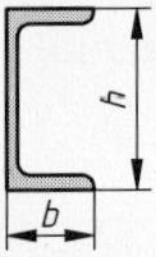  10 | U-Stahl<br>$h = 30 \cdots 400$ | DIN 1027 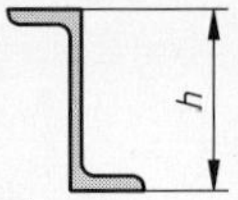  11 | Z-Stahl<br>$h = 30 \cdots 200$ | DIN 1028 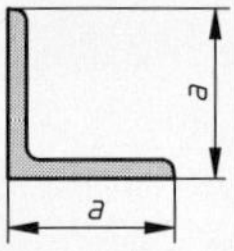  12 | Gleichschenkliger Winkelstahl<br>$a = 20 \cdots 200$ |
| DIN 1029 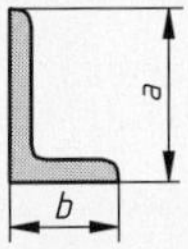  13 | Ungleichschenkliger Winkelstahl<br>$a \times b = 30 \times 20 \cdots 200 \times 100$ | DIN 1022 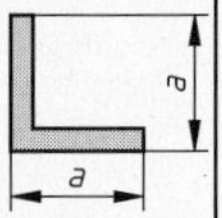  14 | Scharfkantiger Winkelstahl<br>$a = 20 \cdots 50$ | DIN 1025 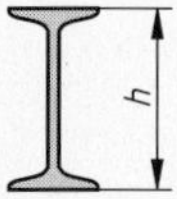  15 | Schmaler I-Träger (I-Reihe)<br>$h = 80 \cdots 600$ |
| DIN 1025 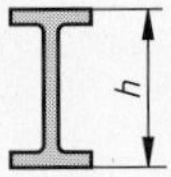  16 | Mittelbreiter I-Träger (IPE-Reihe)<br>$h = 80 \cdots 600$ | DIN 1025 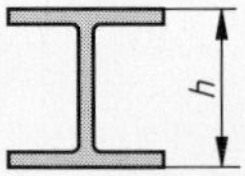  17 | Breiter I-Träger (IPB-Reihe)<br>$h = 100 \cdots 1000$ | DIN 1025 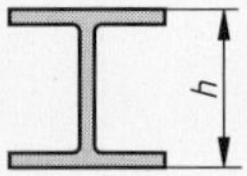  18 | Breiter I-Träger (IPBI-Reihe)<br>$h = 100 \cdots 1000$ |

## T 3.2 Profile aus Aluminium und Aluminium-Knetlegierungen

Für den **Metallbau** werden im Stranggußverfahren die vielfältigsten Profile sowohl mit runden Kanten als auch scharfen Kanten geliefert. Vollständige Tabellen mit den Größen für die Festigkeitsberechnung enthalten die einschlägigen **DIN-Normen**. Die Bilder 19 bis 21 zeigen wichtige Querschnitte mit DIN-Nummern.

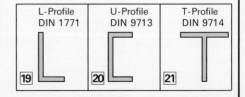

| L-Profile DIN 1771 | U-Profile DIN 9713 | T-Profile DIN 9714 |
|---|---|---|
| 19  | 20  | 21  |



TABELLEN-ANHANG

## T 3.3 **Hochstegiger T-Stahl** ⟶ DIN 1024 vom März 1994 (Auszug)

| Statischer Wert | Formelzeichen | Einheit |
|---|---|---|
| Flächenmoment 2. Grades | $I$ | $cm^4$ |
| Widerstandsmoment | $W$ | $cm^3$ |
| Trägheitsradius | $i$ | cm |
| Randabstand | $e$ | cm |
| Querschnittsfläche | $A$, $S$ | $cm^2$ |
| Metermasse (längenbezogene Masse) | $m'$ | kg/m |

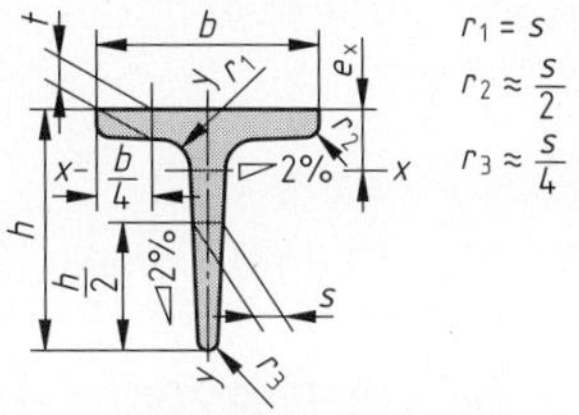


1

| Kurzzeichen | Abmessungen in mm | | | | Querschnitt | Metermasse | | Für die Biegeachse | | | | | |
|---|---|---|---|---|---|---|---|---|---|---|---|---|---|
| | | | | | | | | x – x | | | y – y | | |
| | $h$ | $b$ | $s = t$ $r_1$ | $r_3$ | $A$, $S$ $cm^2$ | $m'$ kg/m | $e_x$ cm | $I_x$ $cm^4$ | $W_x$ $cm^3$ | $i_x$ cm | $I_y$ $cm^4$ | $W_y$ $cm^3$ | $i_y$ cm |
| T 20 | 20 | | 3 | 1 | 1,12 | 0,88 | 0,58 | 0,38 | 0,27 | 0,58 | 0,20 | 0,20 | 0,42 |
| T 25 | 25 | | 3,5 | 1 | 1,64 | 1,29 | 0,73 | 0,87 | 0,49 | 0,73 | 0,43 | 0,34 | 0,51 |
| T 30 | 30 | | 4 | 1 | 2,26 | 1,77 | 0,85 | 1,72 | 0,80 | 0,87 | 0,87 | 0,58 | 0,62 |
| T 35 | 35 | | 4,5 | 1 | 2,97 | 2,33 | 0,99 | 3,10 | 1,23 | 1,04 | 1,57 | 0,90 | 0,73 |
| T 40 | 40 | | 5 | 1 | 3,77 | 2,96 | 1,12 | 5,28 | 1,84 | 1,18 | 2,58 | 1,29 | 0,83 |
| T 45 | 45 | | 5,5 | 1,5 | 4,67 | 3,67 | 1,26 | 8,13 | 2,51 | 1,32 | 4,01 | 1,78 | 0,93 |
| T 50 | 50 | | 6 | 1,5 | 5,66 | 4,44 | 1,39 | 12,1 | 3,36 | 1,46 | 6,06 | 2,42 | 1,03 |
| T 60 | 60 | | 7 | 2 | 7,94 | 6,23 | 1,66 | 23,8 | 5,48 | 1,73 | 12,2 | 4,07 | 1,24 |
| T 70 | 70 | | 8 | 2 | 10,6 | 8,32 | 1,94 | 44,5 | 8,79 | 2,05 | 22,1 | 6,32 | 1,44 |
| T 80 | 80 | | 9 | 2 | 13,6 | 10,7 | 2,22 | 73,7 | 12,8 | 2,33 | 37,0 | 9,25 | 1,65 |
| T 90 | 90 | | 10 | 2,5 | 17,1 | 13,4 | 2,48 | 119 | 18,2 | 2,64 | 58,5 | 13,0 | 1,85 |
| T100 | 100 | | 11 | 3 | 20,9 | 16,4 | 2,74 | 179 | 24,6 | 2,92 | 88,3 | 17,7 | 2,05 |
| T120 | 120 | | 13 | 3 | 29,6 | 23,2 | 3,28 | 366 | 42,0 | 3,51 | 178 | 29,7 | 2,45 |
| T140 | 140 | | 15 | 4 | 39,9 | 31,3 | 3,80 | 660 | 64,7 | 4,07 | 330 | 47,2 | 2,88 |

## T 3.4 **U-Stahl** ⟶ DIN 1026 vom Oktober 1963 (Auszug)

Statische Werte ⟶ T 3.3

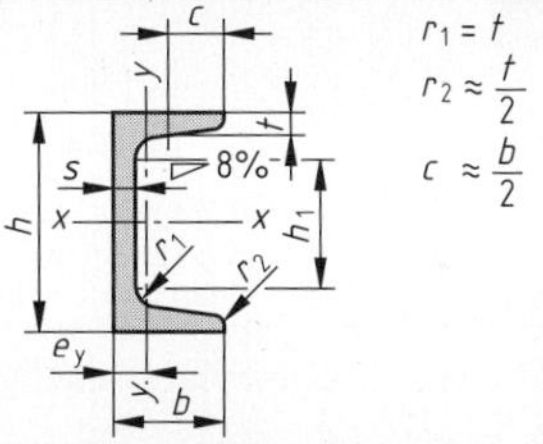


2

| Kurzzeichen | Abmessungen in mm | | | | | | Querschnitt | Metermasse | | Für die Biegeachse | | | | | |
|---|---|---|---|---|---|---|---|---|---|---|---|---|---|---|---|
| | | | | | | | | | | x – x | | | y – y | | |
| | $h$ | $b$ | $s$ | $t$ | $r_1$ | $r_2$ | $A$, $S$ $cm^2$ | $m'$ kg/m | $e_y$ cm | $I_x$ $cm^4$ | $W_x$ $cm^3$ | $i_x$ cm | $I_y$ $cm^4$ | $W_y$ $cm^3$ | $i_y$ cm |
| U 40 | 40 | 35 | 5 | 7 | 7 | 3,5 | 6,21 | 4,87 | 1,33 | 14,1 | 7,05 | 1,50 | 6,68 | 3,08 | 1,04 |
| U 50×25 | 50 | 25 | 5 | 6 | 6 | 3 | 4,92 | 3,86 | 0,81 | 16,8 | 6,73 | 1,85 | 2,49 | 1,48 | 0,71 |
| U 50 | 50 | 38 | 5 | 7 | 7 | 3,5 | 7,12 | 5,59 | 1,37 | 26,4 | 10,6 | 1,92 | 9,12 | 3,75 | 1,13 |
| U 60 | 60 | 30 | 6 | 6 | 6 | 3 | 6,46 | 5,07 | 0,91 | 31,6 | 10,5 | 2,21 | 4,51 | 2,16 | 0,84 |
| U 65 | 65 | 42 | 5,5 | 7,5 | 7,5 | 4 | 9,03 | 7,09 | 1,42 | 57,5 | 17,7 | 2,52 | 14,1 | 5,07 | 1,25 |
| U 80 | 80 | 45 | 6 | 8 | 8 | 4 | 11,0 | 8,64 | 1,45 | 106 | 26,5 | 3,10 | 19,4 | 6,36 | 1,33 |
| U100 | 100 | 50 | 6 | 8,5 | 8,5 | 4,5 | 13,5 | 10,6 | 1,55 | 206 | 41,2 | 3,91 | 29,3 | 8,49 | 1,47 |
| U120 | 120 | 55 | 7 | 9 | 9 | 4,5 | 17,0 | 13,4 | 1,60 | 364 | 60,7 | 4,62 | 43,2 | 11,1 | 1,59 |
| U140 | 140 | 60 | 7 | 10 | 10 | 5 | 20,4 | 16,0 | 1,75 | 605 | 86,4 | 5,45 | 62,7 | 14,8 | 1,75 |
| U160 | 160 | 65 | 7,5 | 10,5 | 10,5 | 5,5 | 24,0 | 18,8 | 1,84 | 925 | 116 | 6,21 | 85,3 | 18,3 | 1,89 |
| U180 | 180 | 70 | 8 | 11 | 11 | 5,5 | 28,0 | 22,0 | 1,92 | 1350 | 150 | 6,95 | 114 | 22,4 | 2,02 |
| U200 | 200 | 75 | 8,5 | 11,5 | 11,5 | 6 | 32,2 | 25,3 | 2,01 | 1910 | 191 | 7,70 | 148 | 27,0 | 2,14 |
| U220 | 220 | 80 | 9 | 12,5 | 12,5 | 6,5 | 37,4 | 29,4 | 2,14 | 2690 | 245 | 8,48 | 197 | 33,6 | 2,30 |
| U240 | 240 | 85 | 9,5 | 13 | 13 | 6,5 | 42,3 | 33,2 | 2,23 | 3600 | 300 | 9,22 | 248 | 39,6 | 2,42 |
| U260 | 260 | 90 | 10 | 14 | 14 | 7 | 48,3 | 37,9 | 2,36 | 4820 | 371 | 9,99 | 317 | 47,7 | 2,56 |
| U280 | 280 | 95 | 10 | 15 | 15 | 7,5 | 53,3 | 41,8 | 2,53 | 6280 | 448 | 10,9 | 399 | 57,2 | 2,74 |
| U300 | 300 | 100 | 10 | 16 | 16 | 8 | 58,8 | 46,2 | 2,70 | 8030 | 535 | 11,7 | 495 | 67,8 | 2,90 |
| U320 | 320 | 100 | 14 | 17,5 | 17,5 | 8,75 | 75,8 | 59,5 | 2,60 | 10870 | 679 | 12,1 | 597 | 80,6 | 2,81 |
| U350 | 350 | 100 | 14 | 16 | 16 | 8 | 77,3 | 60,6 | 2,40 | 12840 | 734 | 12,9 | 570 | 75,0 | 2,72 |
| U380 | 380 | 102 | 13,5 | 16 | 16 | 8 | 80,4 | 63,1 | 2,38 | 15760 | 829 | 14,0 | 615 | 78,7 | 2,77 |
| U400 | 400 | 110 | 14 | 18 | 18 | 9 | 91,5 | 71,8 | 2,65 | 20350 | 1020 | 14,9 | 846 | 102 | 3,04 |

## T 3.5 Z-Stahl → DIN 1027 vom Oktober 1963 (Auszug)

Statische Werte → T 3.3

$\left.\begin{array}{l} e_\xi \\ e_\eta \end{array}\right\}$ Randabstände zu den Hauptachsen

$I_{xy}$ = Flächenzentrifugalmoment in cm⁴   **1**

| Kurz-zeichen | Abmessungen in mm | | | | | | Quer-schnitt | Meter-masse | Lage der Achse | Abstände der Achsen | | Zentri-fugal-moment |
|---|---|---|---|---|---|---|---|---|---|---|---|---|
| | | | | | | | | | | $\xi-\xi$ | $\eta-\eta$ | |
| | $h$ | $b$ | $s$ | $t$ | $r_1$ | $r_2$ | $A, S$ cm² | $m'$ kg/m | $\eta-\eta$ tan $\alpha$ | $e_\xi$ cm | $e_\eta$ cm | $I_{xy}$ cm⁴ |
| Z 30 | 30 | 38 | 4 | 4,5 | 4,5 | 2,5 | 4,32 | 3,39 | 1,655 | 3,86 | 0,58 | 7,35 |
| Z 40 | 40 | 40 | 4,5 | 5 | 5 | 2,5 | 5,43 | 4,26 | 1,181 | 4,17 | 0,91 | 12,2 |
| Z 50 | 50 | 43 | 5 | 5,5 | 5,5 | 3 | 6,77 | 5,31 | 0,939 | 4,60 | 1,24 | 19,6 |
| Z 60 | 60 | 45 | 5 | 6 | 6 | 3 | 7,91 | 6,21 | 0,779 | 4,98 | 1,51 | 28,8 |
| Z 80 | 80 | 50 | 6 | 7 | 7 | 3,5 | 11,1 | 8,71 | 0,558 | 5,83 | 2,02 | 55,6 |
| Z 100 | 100 | 55 | 6,5 | 8 | 8 | 4 | 14,5 | 11,4 | 0,492 | 6,77 | 2,43 | 97,2 |
| Z 120 | 120 | 60 | 7 | 9 | 9 | 4,5 | 18,2 | 14,3 | 0,433 | 7,75 | 2,80 | 158 |
| Z 140 | 140 | 65 | 8 | 10 | 10 | 5 | 22,9 | 18,0 | 0,385 | 8,72 | 3,18 | 239 |

| Kurz-zeichen | Statische Werte für die Biegeachse | | | | | | | | | | | |
|---|---|---|---|---|---|---|---|---|---|---|---|---|
| | $x-x$ | | | $y-y$ | | | $\xi-\xi$ | | | $\eta-\eta$ | | |
| | $I_x$ cm⁴ | $W_x$ cm³ | $i_x$ cm | $I_y$ cm⁴ | $W_y$ cm³ | $i_y$ cm | $I_\xi$ cm⁴ | $W_\xi$ cm³ | $i_\xi$ cm | $I_\eta$ cm⁴ | $W_\eta$ cm³ | $i_\eta$ cm |
| Z 30 | 5,96 | 3,97 | 1,17 | 13,7 | 3,80 | 1,78 | 18,1 | 4,69 | 2,04 | 1,54 | 1,11 | 0,60 |
| Z 40 | 13,5 | 6,75 | 1,58 | 17,6 | 4,66 | 1,80 | 28,0 | 6,72 | 2,27 | 3,05 | 1,83 | 0,75 |
| Z 50 | 26,3 | 10,5 | 1,97 | 23,8 | 5,88 | 1,88 | 44,9 | 9,76 | 2,57 | 5,23 | 2,76 | 0,88 |
| Z 60 | 44,7 | 14,9 | 2,38 | 30,1 | 7,09 | 1,95 | 67,2 | 13,5 | 2,81 | 7,60 | 3,73 | 0,98 |
| Z 80 | 109 | 27,3 | 3,13 | 47,4 | 10,1 | 2,07 | 142 | 24,4 | 3,58 | 14,7 | 6,44 | 1,15 |
| Z 100 | 222 | 44,4 | 3,91 | 72,5 | 14,0 | 2,24 | 270 | 39,8 | 4,31 | 24,6 | 9,26 | 1,30 |
| Z 120 | 402 | 67,0 | 4,70 | 106 | 18,8 | 2,42 | 470 | 60,6 | 5,08 | 37,7 | 12,5 | 1,44 |
| Z 140 | 676 | 96,6 | 5,43 | 148 | 24,3 | 2,54 | 768 | 88,0 | 5,79 | 56,4 | 16,6 | 1,57 |

## T 3.6 Gleichschenkliger Winkelstahl → DIN 1028 vom März 1994 (Auszug)

Statische Werte → T 3.3 und T 3.5

$\alpha = 45°$   **2**

| Kurz-zeichen | Abmessungen in mm | | | | Quer-schnitt | Meter-masse | Achsabstände | | | | Statische Werte für die Biegeachse | | | | | | | |
|---|---|---|---|---|---|---|---|---|---|---|---|---|---|---|---|---|---|---|
| | | | | | | | | | | | $x-x=y-y$ | | | $\xi-\xi$ | | $\eta-\eta$ | | |
| | $a$ | $s$ | $r_1$ | $r_2$ | $A, S$ cm² | $m'$ kg/m | $e$ | $w$ | $v_1$ | $v_2$ | $I_x$ $I_y$ cm⁴ | $W_x$ $W_y$ cm³ | $i_x$ $i_y$ cm | $I_\xi$ cm⁴ | $W_\xi$ cm³ | $I_\eta$ cm⁴ | $W_\eta$ cm³ | $i_\eta$ cm |
| L 20 × 3 | 20 | 3 | 3,5 | 2 | 1,12 | 0,88 | 0,60 | 1,41 | 0,85 | 0,70 | 0,39 | 0,28 | 0,59 | 0,62 | 0,74 | 0,15 | 0,18 | 0,37 |
| L 25 × 3 | 25 | 3 | 3,5 | 2 | 1,42 | 1,12 | 0,73 | 1,77 | 1,03 | 0,87 | 0,79 | 0,45 | 0,75 | 1,27 | 0,95 | 0,31 | 0,30 | 0,47 |
| L 30 × 3 | 30 | 3 | 5 | 2,5 | 1,74 | 1,36 | 0,84 | 2,12 | 1,18 | 1,04 | 1,41 | 0,65 | 0,90 | 2,24 | 1,14 | 0,57 | 0,48 | 0,57 |
| L 35 × 4 | 35 | 4 | 5 | 2,5 | 2,67 | 2,1 | 1,00 | 2,47 | 1,41 | 1,24 | 2,96 | 1,18 | 1,05 | 4,68 | 1,33 | 1,24 | 0,88 | 0,68 |
| L 40 × 4 | 40 | 4 | 6 | 3 | 3,08 | 2,42 | 1,12 | 2,83 | 1,58 | 1,40 | 4,48 | 1,55 | 1,21 | 7,09 | 1,52 | 1,86 | 1,18 | 0,78 |
| L 45 × 5 | 45 | 5 | 7 | 3,5 | 4,3 | 3,38 | 1,28 | 3,18 | 1,81 | 1,58 | 7,83 | 2,43 | 1,35 | 12,4 | 1,70 | 3,25 | 1,80 | 0,87 |
| L 50 × 5 | 50 | 5 | 7 | 3,5 | 4,8 | 3,77 | 1,40 | 3,54 | 1,98 | 1,76 | 11,0 | 3,05 | 1,51 | 17,4 | 1,90 | 4,59 | 2,32 | 0,98 |
| L 60 × 6 | 60 | 6 | 8 | 4 | 6,91 | 5,42 | 1,69 | 4,24 | 2,39 | 2,11 | 22,8 | 5,29 | 1,82 | 36,1 | 2,29 | 9,43 | 3,95 | 1,17 |
| L 70 × 7 | 70 | 7 | 9 | 4,5 | 9,4 | 7,38 | 1,97 | 4,95 | 2,79 | 2,47 | 42,4 | 8,43 | 2,12 | 67,1 | 2,67 | 17,6 | 6,31 | 1,37 |
| L 80 × 8 | 80 | 8 | 10 | 5 | 12,3 | 9,66 | 2,26 | 5,66 | 3,20 | 2,82 | 72,3 | 12,6 | 2,42 | 115 | 3,06 | 29,6 | 9,25 | 1,55 |
| L 90 × 9 | 90 | 9 | 11 | 5,5 | 15,5 | 12,2 | 2,54 | 6,36 | 3,59 | 3,18 | 116 | 18,0 | 2,74 | 184 | 3,45 | 47,8 | 13,3 | 1,76 |
| L 100 × 10 | 100 | 10 | 12 | 6 | 19,2 | 15,1 | 2,82 | 7,07 | 3,99 | 3,54 | 177 | 24,7 | 3,04 | 280 | 3,82 | 73,3 | 18,4 | 1,95 |

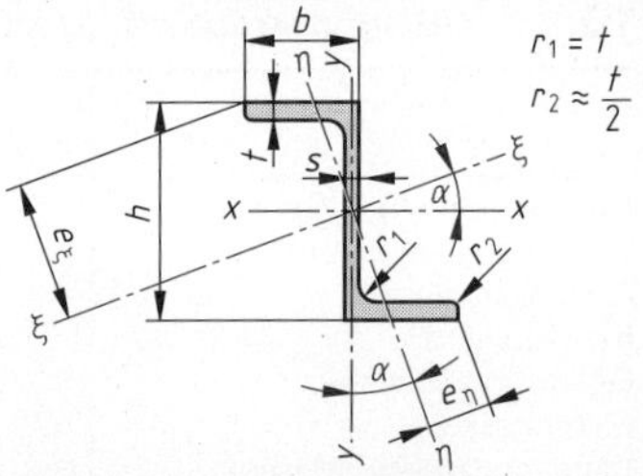

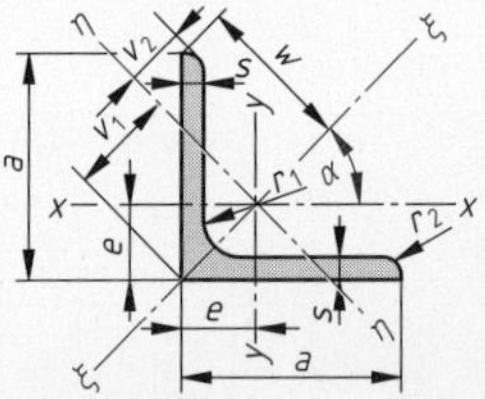

# T3.7 Ungleichschenkliger Winkelstahl → DIN 1029 vom März 1994 (Auszug)

Statische Werte → T3.3 und T3.5

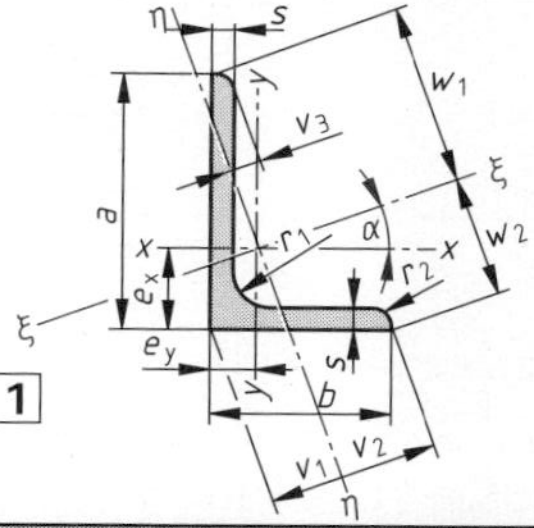


1

$r_1 \approx s$ $r_2 \approx \frac{s}{2}$

| Kurzzeichen | Abmessungen in mm | | | | | Querschnitt | Metermasse | Abstände der Achsen | | | | | | | Lage der Achse | Statische Werte für die Biegeachse | | | | | | | | | |
|---|---|---|---|---|---|---|---|---|---|---|---|---|---|---|---|---|---|---|---|---|---|---|---|---|---|
| | | | | | | | | | | | | | | | | x – x | | | y – y | | | ξ – ξ | | η – η | |
| | $a$ | $b$ | $s$ | $r_1$ | $r_2$ | $A, S$ $cm^2$ | $m'$ kg/m | $e_x$ cm | $e_y$ cm | $w_1$ cm | $w_2$ cm | $v_1$ cm | $v_2$ cm | $v_3$ cm | $\eta - \eta$ $\tan\alpha$ | $I_x$ $cm^4$ | $W_x$ $cm^3$ | $i_x$ cm | $I_y$ $cm^4$ | $W_y$ $cm^3$ | $i_y$ cm | $I_\xi$ $cm^4$ | $i_\xi$ cm | $I_\eta$ $cm^4$ | $i_\eta$ cm |
| L 30 × 20 × 3 | 30 | 20 | 3 | 3,5 | 2 | 1,42 | 1,11 | 0,99 | 0,50 | 2,04 | 1,51 | 0,86 | 1,04 | 0,56 | 0,431 | 1,25 | 0,62 | 0,94 | 0,44 | 0,29 | 0,56 | 1,43 | 1,00 | 0,25 | 0,42 |
| L 30 × 20 × 4 | 30 | 20 | 4 | 3,5 | 2 | 1,85 | 1,45 | 1,03 | 0,54 | 2,02 | 1,52 | 0,91 | 1,03 | 0,58 | 0,423 | 1,59 | 0,81 | 0,93 | 0,55 | 0,38 | 0,55 | 1,81 | 0,99 | 0,33 | 0,42 |
| L 40 × 20 × 3 | 40 | 20 | 3 | 3,5 | 2 | 1,72 | 1,35 | 1,43 | 0,44 | 2,61 | 1,77 | 0,79 | 1,19 | 0,46 | 0,259 | 2,79 | 1,08 | 1,27 | 0,47 | 0,30 | 0,52 | 2,96 | 1,31 | 0,30 | 0,42 |
| L 40 × 20 × 4 | 40 | 20 | 4 | 3,5 | 2 | 2,25 | 1,77 | 1,47 | 0,48 | 2,57 | 1,80 | 0,83 | 1,18 | 0,50 | 0,252 | 3,59 | 1,42 | 1,26 | 0,60 | 0,39 | 0,52 | 3,79 | 1,30 | 0,39 | 0,42 |
| L 45 × 30 × 4 | 45 | 30 | 4 | 4,5 | 2 | 2,87 | 2,25 | 1,48 | 0,74 | 3,07 | 2,26 | 1,27 | 1,58 | 0,83 | 0,436 | 5,78 | 1,91 | 1,42 | 2,05 | 0,91 | 0,85 | 6,65 | 1,52 | 1,18 | 0,64 |
| L 45 × 30 × 5 | 45 | 30 | 5 | 4,5 | 2 | 3,53 | 2,77 | 1,52 | 0,78 | 3,05 | 2,27 | 1,32 | 1,58 | 0,85 | 0,430 | 6,99 | 2,35 | 1,41 | 2,47 | 1,11 | 0,84 | 8,02 | 1,51 | 1,44 | 0,64 |
| L 50 × 30 × 4 | 50 | 30 | 4 | 4,5 | 2 | 3,07 | 2,41 | 1,68 | 0,70 | 3,36 | 2,35 | 1,24 | 1,67 | 0,78 | 0,356 | 7,71 | 2,33 | 1,59 | 2,09 | 0,91 | 0,82 | 8,53 | 1,67 | 1,27 | 0,64 |
| L 50 × 30 × 5 | 50 | 30 | 5 | 4,5 | 2 | 3,78 | 2,96 | 1,73 | 0,74 | 3,33 | 2,38 | 1,28 | 1,66 | 0,80 | 0,353 | 9,41 | 2,88 | 1,58 | 2,54 | 1,12 | 0,82 | 10,4 | 1,66 | 1,56 | 0,64 |
| L 50 × 40 × 5 | 50 | 40 | 5 | 4 | 2 | 4,27 | 3,35 | 1,56 | 1,07 | 3,49 | 2,88 | 1,73 | 1,84 | 1,27 | 0,625 | 10,4 | 3,02 | 1,56 | 5,89 | 2,01 | 1,18 | 13,3 | 1,76 | 3,02 | 0,84 |
| L 60 × 30 × 5 | 60 | 30 | 5 | 6 | 3 | 4,29 | 3,37 | 2,15 | 0,68 | 3,90 | 2,67 | 1,20 | 1,77 | 0,72 | 0,256 | 15,6 | 4,04 | 1,90 | 2,60 | 1,12 | 0,78 | 16,5 | 1,96 | 1,69 | 0,63 |
| L 60 × 40 × 5 | 60 | 40 | 5 | 6 | 3 | 4,79 | 3,76 | 1,96 | 0,97 | 4,08 | 3,01 | 1,68 | 2,09 | 1,10 | 0,437 | 17,2 | 4,25 | 1,89 | 6,11 | 2,02 | 1,13 | 19,8 | 2,03 | 3,50 | 0,86 |
| L 60 × 40 × 6 | 60 | 40 | 6 | 6 | 3 | 5,68 | 4,46 | 2,00 | 1,01 | 4,06 | 3,02 | 1,72 | 2,08 | 1,12 | 0,433 | 20,1 | 5,03 | 1,88 | 7,12 | 2,38 | 1,12 | 23,1 | 2,02 | 4,12 | 0,85 |
| L 65 × 50 × 5 | 65 | 50 | 5 | 6 | 3 | 5,54 | 4,35 | 1,99 | 1,25 | 4,52 | 3,61 | 2,08 | 2,38 | 1,50 | 0,583 | 23,1 | 5,11 | 2,04 | 11,9 | 3,18 | 1,47 | 28,8 | 2,28 | 6,21 | 1,06 |
| L 70 × 50 × 6 | 70 | 50 | 6 | 6 | 3 | 6,88 | 5,40 | 2,24 | 1,25 | 4,82 | 3,68 | 2,20 | 2,52 | 1,42 | 0,497 | 33,5 | 7,04 | 2,21 | 14,3 | 3,81 | 1,44 | 39,9 | 2,41 | 7,94 | 1,07 |
| L 75 × 50 × 7 | 75 | 50 | 7 | 6,5 | 3,5 | 8,30 | 6,51 | 2,48 | 1,25 | 5,10 | 3,77 | 2,13 | 2,63 | 1,38 | 0,433 | 46,4 | 9,24 | 2,36 | 16,5 | 4,39 | 1,41 | 53,3 | 2,53 | 9,56 | 1,07 |
| L 75 × 55 × 5 | 75 | 55 | 5 | 7 | 3,5 | 6,30 | 4,95 | 2,31 | 1,33 | 5,19 | 4,00 | 2,27 | 2,71 | 1,58 | 0,530 | 35,5 | 6,84 | 2,37 | 16,2 | 3,89 | 1,60 | 43,1 | 2,61 | 8,68 | 1,17 |
| L 75 × 55 × 7 | 75 | 55 | 7 | 7 | 3,5 | 8,66 | 6,80 | 2,40 | 1,41 | 5,16 | 4,02 | 2,37 | 2,70 | 1,62 | 0,525 | 47,9 | 9,39 | 2,35 | 21,8 | 5,52 | 1,59 | 57,9 | 2,59 | 11,8 | 1,17 |
| L 75 × 55 × 9 | 75 | 55 | 9 | 7 | 3,5 | 10,9 | 8,59 | 2,47 | 1,48 | 5,14 | 4,04 | 2,46 | 2,70 | 1,66 | 0,518 | 59,4 | 11,8 | 2,33 | 26,8 | 6,66 | 1,57 | 71,3 | 2,55 | 14,8 | 1,16 |
| L 80 × 40 × 6 | 80 | 40 | 6 | 7 | 3,5 | 6,89 | 5,41 | 2,85 | 0,88 | 5,21 | 3,53 | 1,55 | 2,42 | 0,89 | 0,259 | 44,9 | 8,73 | 2,55 | 7,59 | 2,44 | 1,05 | 47,6 | 2,63 | 4,90 | 0,84 |
| L 80 × 40 × 8 | 80 | 40 | 8 | 7 | 3,5 | 9,01 | 7,07 | 2,94 | 0,95 | 5,15 | 3,57 | 1,65 | 2,38 | 1,04 | 0,253 | 57,6 | 11,4 | 2,53 | 9,68 | 3,18 | 1,04 | 60,9 | 2,60 | 6,41 | 0,84 |
| L 80 × 60 × 7 | 80 | 60 | 7 | 8 | 4 | 9,38 | 7,36 | 2,51 | 1,52 | 5,55 | 4,42 | 2,70 | 2,92 | 1,68 | 0,546 | 59,0 | 10,7 | 2,51 | 28,4 | 6,34 | 1,74 | 72,0 | 2,77 | 15,4 | 1,28 |
| L 80 × 65 × 8 | 80 | 65 | 8 | 8 | 4 | 11,0 | 8,66 | 2,47 | 1,73 | 5,59 | 4,65 | 2,79 | 2,94 | 2,05 | 0,645 | 68,1 | 12,3 | 2,49 | 40,1 | 8,41 | 1,91 | 88,0 | 2,82 | 20,3 | 1,36 |
| L 90 × 60 × 6 | 90 | 60 | 6 | 7 | 3,5 | 8,69 | 6,82 | 2,89 | 1,41 | 6,14 | 4,50 | 2,46 | 3,16 | 1,60 | 0,442 | 71,7 | 11,7 | 2,87 | 25,8 | 5,61 | 1,72 | 82,8 | 3,09 | 14,6 | 1,30 |
| L 90 × 60 × 8 | 90 | 60 | 8 | 7 | 3,5 | 11,4 | 8,96 | 2,97 | 1,49 | 6,11 | 4,54 | 2,56 | 3,15 | 1,69 | 0,437 | 92,5 | 15,4 | 2,85 | 33,0 | 7,31 | 1,70 | 107 | 3,06 | 19,0 | 1,29 |
| L100 × 50 × 6 | 100 | 50 | 6 | 9 | 4,5 | 8,73 | 6,85 | 3,49 | 1,04 | 6,50 | 4,39 | 1,91 | 2,98 | 1,15 | 0,263 | 89,7 | 13,8 | 3,20 | 15,3 | 3,86 | 1,32 | 95,2 | 3,30 | 9,78 | 1,06 |
| L100 × 50 × 8 | 100 | 50 | 8 | 9 | 4,5 | 11,5 | 8,99 | 3,59 | 1,13 | 6,48 | 4,44 | 2,00 | 2,95 | 1,18 | 0,258 | 116 | 18,0 | 3,18 | 19,5 | 5,04 | 1,31 | 123 | 3,28 | 12,6 | 1,05 |
| L100 × 50 × 10 | 100 | 50 | 10 | 9 | 4,5 | 14,1 | 11,1 | 3,67 | 1,20 | 6,43 | 4,49 | 2,08 | 2,91 | 1,22 | 0,252 | 141 | 22,2 | 3,16 | 23,4 | 6,17 | 1,29 | 149 | 3,25 | 15,5 | 1,04 |
| L100 × 65 × 7 | 100 | 65 | 7 | 10 | 5 | 11,2 | 8,77 | 3,23 | 1,51 | 6,83 | 4,91 | 2,66 | 3,48 | 1,73 | 0,419 | 113 | 16,6 | 3,17 | 37,6 | 7,54 | 1,84 | 128 | 3,39 | 21,6 | 1,39 |

## T 3.8 **Schmale I-Träger** ⟶ DIN 1025, Blatt 1 vom Oktober 1963 (Auszug)
(I-Reihe)

Statische Werte ⟶ T 3.3

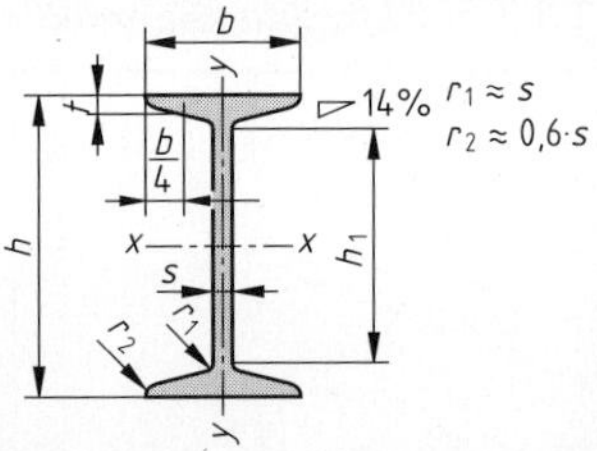


1

| Kurzzeichen | Abmessungen in mm | | | | | | Querschnitt | Metermasse | Statische Werte für die Biegeachse | | | | | |
|---|---|---|---|---|---|---|---|---|---|---|---|---|---|---|
| | | | | | | | | | x – x | | | y – y | | |
| | $h$ | $b$ | $s$ | $t$ | $r_1$ | $r_2$ | $A$, $S$ cm² | $m'$ kg/m | $I_x$ cm⁴ | $W_x$ cm³ | $i_x$ cm | $I_y$ cm⁴ | $W_y$ cm³ | $i_y$ cm |
| I 80 | 80 | 42 | 3,9 | 5,9 | 3,9 | 2,3 | 7,57 | 5,94 | 77,8 | 19,5 | 3,20 | 6,29 | 3,00 | 0,91 |
| I 100 | 100 | 50 | 4,5 | 6,8 | 4,5 | 2,7 | 10,6 | 8,34 | 171 | 34,2 | 4,01 | 12,2 | 4,88 | 1,07 |
| I 120 | 120 | 58 | 5,1 | 7,7 | 5,1 | 3,1 | 14,2 | 11,1 | 328 | 54,7 | 4,81 | 21,5 | 7,41 | 1,23 |
| I 140 | 140 | 66 | 5,7 | 8,6 | 5,7 | 3,4 | 18,2 | 14,3 | 573 | 81,9 | 5,61 | 35,2 | 10,7 | 1,40 |
| I 160 | 160 | 74 | 6,3 | 9,5 | 6,3 | 3,8 | 22,8 | 17,9 | 935 | 117 | 6,40 | 54,7 | 14,8 | 1,55 |
| I 180 | 180 | 82 | 6,9 | 10,4 | 6,9 | 4,1 | 27,9 | 21,9 | 1450 | 161 | 7,20 | 81,3 | 19,8 | 1,71 |
| I 200 | 200 | 90 | 7,5 | 11,3 | 7,5 | 4,5 | 33,4 | 26,2 | 2140 | 214 | 8,00 | 117 | 26,0 | 1,87 |
| I 220 | 220 | 98 | 8,1 | 12,2 | 8,1 | 4,9 | 39,5 | 31,1 | 3060 | 278 | 8,80 | 162 | 33,1 | 2,02 |
| I 240 | 240 | 106 | 8,7 | 13,1 | 8,7 | 5,2 | 46,1 | 36,2 | 4250 | 354 | 9,59 | 221 | 41,7 | 2,20 |
| I 260 | 260 | 113 | 9,4 | 14,1 | 9,4 | 5,6 | 53,3 | 41,9 | 5740 | 442 | 10,4 | 288 | 51,0 | 2,32 |
| I 280 | 280 | 119 | 10,1 | 15,2 | 10,1 | 6,1 | 61,0 | 47,9 | 7590 | 542 | 11,1 | 364 | 61,2 | 2,45 |
| I 300 | 300 | 125 | 10,8 | 16,2 | 10,8 | 6,5 | 69,0 | 54,2 | 9800 | 653 | 11,9 | 451 | 72,2 | 2,56 |
| I 320 | 320 | 131 | 11,5 | 17,3 | 11,5 | 6,9 | 77,7 | 61,0 | 12510 | 782 | 12,7 | 555 | 84,7 | 2,67 |
| I 340 | 340 | 137 | 12,2 | 18,3 | 12,2 | 7,3 | 86,7 | 68,0 | 15700 | 923 | 13,5 | 674 | 98,4 | 2,80 |
| I 360 | 360 | 143 | 13,0 | 19,5 | 13,0 | 7,8 | 97,0 | 76,1 | 19610 | 1090 | 14,2 | 818 | 114 | 2,90 |
| I 380 | 380 | 149 | 13,7 | 20,5 | 13,7 | 8,2 | 107 | 84,0 | 24010 | 1260 | 15,0 | 975 | 131 | 3,02 |
| I 400 | 400 | 155 | 14,4 | 21,6 | 14,4 | 8,6 | 118 | 92,4 | 29210 | 1460 | 15,7 | 1160 | 149 | 3,13 |

## T 3.9 **Breite I-Träger** ⟶ DIN 1025, Blatt 2 vom März 1994 (Auszug)

Statische Werte ⟶ T 3.3

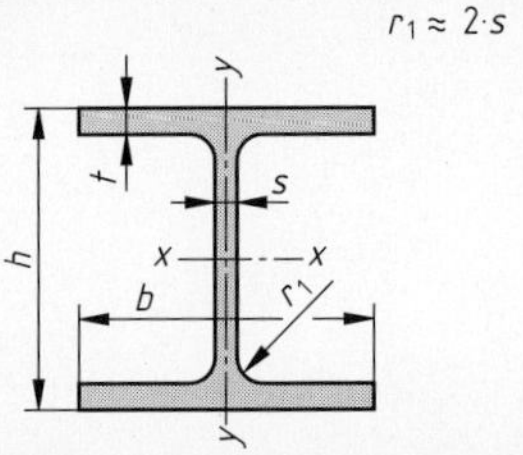


2

| Kurzzeichen | Abmessungen in mm | | | | | Querschnitt | Metermasse | Statische Werte für die Biegeachse | | | | | |
|---|---|---|---|---|---|---|---|---|---|---|---|---|---|
| | | | | | | | | x – x | | | y – y | | |
| | $h$ | $b$ | $s$ | $t$ | $r_1$ | $A$, $S$ cm² | $m'$ kg/m | $I_x$ cm⁴ | $W_x$ cm³ | $i_x$ cm | $I_y$ cm⁴ | $W_y$ cm³ | $i_y$ cm |
| IPB 100 | 100 | 100 | 6 | 10 | 12 | 26,0 | 20,4 | 450 | 89,9 | 4,16 | 167 | 33,5 | 2,53 |
| IPB 120 | 120 | 120 | 6,5 | 11 | 12 | 34,0 | 26,7 | 864 | 144 | 5,04 | 318 | 52,9 | 3,06 |
| IPB 140 | 140 | 140 | 7 | 12 | 12 | 43,0 | 33,7 | 1510 | 216 | 5,93 | 550 | 78,5 | 3,58 |
| IPB 160 | 160 | 160 | 8 | 13 | 15 | 54,3 | 42,6 | 2490 | 311 | 6,78 | 889 | 111 | 4,05 |
| IPB 180 | 180 | 180 | 8,5 | 14 | 15 | 65,3 | 51,2 | 3830 | 426 | 7,66 | 1360 | 151 | 4,57 |
| IPB 200 | 200 | 200 | 9 | 15 | 18 | 78,1 | 61,3 | 5700 | 570 | 8,54 | 2000 | 200 | 5,07 |
| IPB 220 | 220 | 220 | 9,5 | 16 | 18 | 91,0 | 71,5 | 8090 | 736 | 9,43 | 2840 | 258 | 5,59 |
| IPB 240 | 240 | 240 | 10 | 17 | 21 | 106 | 83,2 | 11260 | 938 | 10,3 | 3920 | 327 | 6,08 |
| IPB 260 | 260 | 260 | 10 | 17,5 | 24 | 118 | 93,0 | 14920 | 1150 | 11,2 | 5130 | 395 | 6,58 |
| IPB 280 | 280 | 280 | 10,5 | 18 | 24 | 131 | 103 | 19270 | 1380 | 12,1 | 6590 | 471 | 7,09 |
| IPB 300 | 300 | 300 | 11 | 19 | 27 | 149 | 117 | 25170 | 1680 | 13,0 | 8560 | 571 | 7,58 |
| IPB 320 | 320 | 300 | 11,5 | 20,5 | 27 | 161 | 127 | 30820 | 1930 | 13,8 | 9240 | 616 | 7,57 |
| IPB 340 | 340 | 300 | 12 | 21,5 | 27 | 171 | 134 | 36660 | 2160 | 14,6 | 9690 | 646 | 7,53 |
| IPB 360 | 360 | 300 | 12,5 | 22,5 | 27 | 181 | 142 | 43190 | 2400 | 15,5 | 10140 | 676 | 7,49 |
| IPB 400 | 400 | 300 | 13,5 | 24 | 27 | 198 | 155 | 57680 | 2880 | 17,1 | 10820 | 721 | 7,40 |
| IPB 450 | 450 | 300 | 14 | 26 | 27 | 218 | 171 | 79890 | 3550 | 19,1 | 11720 | 781 | 7,33 |
| IPB 500 | 500 | 300 | 14,5 | 28 | 27 | 239 | 187 | 107200 | 4290 | 21,2 | 12620 | 842 | 7,27 |

# Sachwortverzeichnis

## H



## I



## J



## K



## L



## M



## N



## O



## P



## Q



## R

## S



## T



## U



## V



## W



## X, Y, Z

Europa-Nr.: 52212